Corporate Sustainability

Secrets to make your business long and prosper

尋找永續企業之道

企業長壽、持續獲利的本質

詹志輝

 精實生產 | 技術六標準差

 品質管理 | 設計六標準差

著

作者簡介

詹志輝

　　詹志輝是一位經營顧問、企業講師、知識探索者、社會哲學家，以及登山家。三十餘年來，他深入企業，解決經營難題，協助提升製造品質與效率、研發技術突破、新產品開發，並取得財務成果。輔導對象橫跨電子業、製造業、服務業等等眾多領域，得意門生遍布台灣櫻花、美的集團、勤誠興業、新代科技等等知名企業以及炬將科技、茂順密封元件、拓凱實業、大通電子、中美兄弟製藥、今網智生活等等業界冠軍。

　　詹顧問熱愛知識，整合百年來各領域大師的理念與知識，並致力於傳承與推廣。詹顧問在六標準差創始人之一 Stephen Zinkgraf 博士所創之 SBTI 學習六標準差；向創新產品開發大師 Joseph P. Ficalora 學習設計六標準差；向曾與戴明共事合作的全球專業製造顧問 Sandy Munro 學習 Lean Design；向人力資源發展權威 Ronald L. Jacobs 博士學習 S-OJT；向 TRIZ 創始人 Genrich Altshuller 之弟子 Sergei Ikovenko 博士學習 TRIZ。

　　詹顧問透過嚴謹的哲學方法論，整合經營知識，與企業夥伴反覆驗證並改良，精萃並實踐能提升企業國際競爭力的方法論。閒暇時間，他熱愛爬山、探索未知、挖掘歷史真相、探討哲學議題。作者目前是永續企業經營協會的總顧問。

推薦語

中學為體，諸如《易經》、《孫子兵法》橫亙歷史長河，縱風流無數難加一詞。而哲學為本，牛頓、愛因斯坦、量子力學、IC、AI 則如光速般飛越。詹老師把公司經營藍圖，用哲學模型完美詮釋，讓成功可以不斷複製，確為創世之作。

——智瀚科技董事長　王俊昇

教育訓練若無法落實在日常操作，會讓員工和企業無感，所以詹老師上課很強調近程轉換，要求馬上做出成果，達成財務績效，進而改善體質，追求永續經營。

——本土企業總經理　林益民

如果您還在尋找一本這輩子最值得一讀的經營管理的聖經，這本書將是您最佳的選擇。

詹老師以他深厚的哲學知識內功修養，寫出這本經營管理的武功秘笈。相信您讀完之後，將會迅速的把經營管理的任督二脈打通，還會有相見恨晚的感覺。

詹老師是我這輩子最敬重的老師，他對知識永遠保持無明與持續探索的態度以及利他的永續經營的理念，深深影響著我及無數的企業經營者。

故我極力推薦這本書，是每位經營者必讀的一本好書。

——潤譽科技董事長　陳輝雄

成功的企業除了領導者個人的特質之外，有沒有什麼方式可以讓企業遵循而行而變大變強？這 20 年來詹志輝老師透過不斷演繹及歸納而整理出的知識，結合在企業擔任顧問的實務，開創出一套涵蓋研發、生產、品質、技術、業務、品牌……的地表最強課程，使企業經營不再是那麼的艱難。

——國家品質獎卓越經營獎個人獎得主　梁瑞芳博士

「A 的料來不及 B 料先進來了，趕快先把 B 排上去做」，「等一下要做 A，下禮拜不是也有要出 A 趕快給我，我一起做」……不知道這些約定俗成的做（錯）法是不是聽起來很熟悉？本書將為大家破解各種似是而非的觀念。詹志輝老師的精實生產方法論，提供工廠的經營者（尤其推薦給我一樣非工廠管理出身的主管）可理解又經過許多家企業印證過的「精實生產」案例，一個觀念的修正就能讓讀者與企業有顛覆性的改變！

——元貝實業執行副總　游英玉

詹老師的系統方法，彷彿黑夜中的燈塔，讓公司治理方向有了清晰輪廓。不僅突破 40 年來技術瓶頸，也經由精實排程大幅提升準期率。此書可謂製造業聖經。

——金瑞瑩工業總經理　黃鉅凱

推薦序 ————————————————
經營中問題的答案

李國林

　　第一次接觸詹志輝老師是在 2013 年，我參加了詹老師為期四天的精益生產的培訓，就被詹老師的博學及精益生產理論深深地吸引了。之後我們請詹老師協助美的集團推進精益生產，全面引入價值流、拉動，選取了七家工廠作為首批試點推動，後均實現了交期縮短 30%，庫存減少 40%，效率提升 25% 以上，現在我們一直堅持推進價值流、拉動一年兩循環。

　　2014 年 9 月我調任生活電器事業部（SDA）總裁，彼時的SDA 雖然是中國乃至全球最大的集設計、開發、製造、銷售於一體的企業，市場份額均是第一，但是隨著移動互聯網的快速興起，渠道和商業模式發生了根本的變化，消費者的需求和購物習慣也隨之發生著變化，加之越來越多的互聯網公司進入家電行業，SDA 存在很大的轉型危機，經營上也出現很大的內憂外患。當時作為一個初入的企業經營者，我首先要思考如何帶領企業進行轉型，詹志輝老師將他的經營管理理念發給我，並在過程中不斷指導我、幫助我，從起念到經營藍圖，到長期、中期、短期戰略到人力資源等，協助我引入並沉澱了戰略部署、產品地圖、CDOC、LEAN、DMAIC、品牌營銷等方法論。SDA 轉型進入正軌，銷售收入由 2014 年的 90 億增長到 2019 年的 234億，也培養了一批各領域的經營管理人才。

　　好的經營者必須是個好的設計師，必須規劃整個企業的經營藍圖，要規劃經營藍圖就必須深入瞭解價值鏈上每一個細節。規劃完成之後，還需要緊盯每一件事情執行落實情況，在不同領域取得成果，並最終形成綜合效益。

詹老師是我人生中最重要的良師益友，他持續探索新知識，整合新理論，我負責通過實踐去檢驗、去測試，發現異常後再回饋給詹老師，詹老師再根據實踐過程回饋重新修正理論。現詹志輝老師終於將過去多年的理論、教學和經營實踐成書，作為朋友非常高興，相信這樣的善舉一定能夠幫助到更多企業的經營者。正如詹老師所說，「企業的本質是創造更好的商品以及提高生產力」，而管理只是實現其的手段，相信更多的企業經營者會通過本書找到經營中問題的答案，也可以從更好的企業起念獲得更大的成就。再次感謝詹志輝老師。

——美的集團副總裁　李國林

推薦序 ——————————
用對的系統知識建立對的團隊、做對的事　　林原正

　　2006 年因為家裡公司產生巨變，不得不在 28 歲這一年提早接下公司，炬將科技是個傳統典型中小企業，面臨接班該怎麼做？

　　一場因為客戶舉辦的研習活動結緣了詹志輝老師，恰巧學習的是策略地圖，策略可正確帶領企業往哪邊走。一路學習，把老師的工具學習一遍，通常學習是老師將畢生絕學傳授予學生，能吸收多少通常是佛度有緣人，但意外的是詹老師學習更新速度之快，永遠走在我們前面為我們照亮道路。

　　之所以能夠把亂流穩住則是訂了對的策略方向，使得客戶對我們還是有信心，再來就是進行品質改善，接受六標準差的課程，將品質用系統工具穩定下來，陸續也學了神經學用於對人的判斷與領導。

　　之後一路算走的順暢，公司業績也持續穩定成長，但 2008 年發生金融危機讓我們受傷頗重，但所幸維持不久 2009 年即反彈跡象，工具機產也突然爆量，這個時候的災難才開始。在最低迷的時間我們縮減人力，但卻必須在最短的時間內要立即應付客戶突如其來的訂單。2010 年我與老師決議必須立即投入精實生產（Lean）專案，目的其實很簡單，就是如何能夠快速解決交期問題。詹老師親自帶領我們學習精實生產（Lean），很快的，我們交期獲得大幅度改善，縮短到兩週交貨。這樣的改善相信只有詹老師才能超越自我，但我始終相信企業主必須抱持強大的信念，隨著詹老師指導往前邁進，企業領導者適時的調整自我概念轉向學習，相信是一條邁向成功之路。

之後詹老師更帶領我們理解哲學之道，利他、系統、人，是一個永續企業經營的基本方法論，之後我所創立的台灣板金經營協會正是受到老師的影響與指導而創立，我們希望更多人更好，用對的系統知識建立對的團隊與做對的事情，讓地球更永續，我們都更加美好。

　　過去十餘年跟著詹老師學習只是讓我們有一張活下去的門票，未來要永續經營企業、利他的文化、建構對的系統團隊以及我們對人的理解，講的是「永續之道」。

　　最後我推薦詹老師的書，一本能帶領企業領導脫胎換骨的系統方法論書，詹老師的系統知識儼然是一種無形之力，未來也期許更多人進入到我們行列之中，不論企業大小規模我們只求做對的事情，回到企業經營基礎策略、系統、人出發，此書必定會引領大家進入到對的系統工具中，也讓我們為地球盡一份心力。

——炬將科技總經理　林原正

推薦序 ————————————————
有容・利他・共好

陳美琪

一切改變，始於一場機緣

　　2020 年決定在嘉義投資 30 億設廠，是勤誠成立 40 年以來最大的投資，沒有任何建廠經驗的我，開始了密集的學習取經之旅，在 27 個月內拜訪了 50 間標竿廠。就在 2020 年 8 月 24 日，經友人協磁施董介紹，為了解精實管理來到徠通參訪，後透過彼時徠通梁瑞芳副董引薦，於 9 月 20 日到台中參加信瑞企管顧問的「Lean 精實生產分享會」，與汪世堯會長和詹志輝老師結識，對詹老師深研各家理論，去蕪存菁統整成可被印證的系統方法，佩服至極。因此勤誠團隊從 10 月 15 日的「拉動——Lean 精實生產」課程開始，在兩年的時間完整修習了「概念工程」、「策略地圖」、「人力資源演算法」、「戰略業務銷售 SPSS」、「品質管理系統」、「技術六標準差 TFSS」、「品牌經營管理」、「管理與領導方法論」、「精實流程 Lean Process」等九大模塊；至今累計投入 167 人次、超過 22,000 小時的課程、研討與追蹤。

　　這些年來隨著大環境的劇烈變動，科技日新月異，理論工具百家爭鳴，我如履薄冰，努力學習新知與理論，參加多場演講與論壇，唯恐一時的鬆懈會使我跟不上腳步，而詹老師經過多方驗證推敲所建構的邏輯與企業經營模型，讓我明白徒有決心和巧思尚不足成事，根本的重點在於以系統性的方法釐清策略，改變思維。學習最重要的就是放下自我概念，心態調整正確，照著前人的路徑走，把實踐理論視為價值，真正去領略每個工具、方法對我們的意義與幫助，心若不能成為容器，所有的學習都是表面，

無法內化成思維與行動。

一個人走得快，一群人走得遠

　　企業的終極目標便是永續，放眼歐美日不乏百年以上的企業屹立不搖，除了領導者能夠帶領團隊共同努力朝向正確的道路前進，企業的核心價值能否被認同與堅持，亦是決定性的因素之一。身為企業創辦人與經營者，這些年來兢兢業業，無時無刻不在思考這些問題，「有容・利他・共好」是我盼望能夠延續的企業精神，我相信企業永續不能只著眼於利益，更重要的是對於員工、顧客、社會有著何種的貢獻，如此的企業才能憑藉著眾人的努力，共榮共好；反之，企業除了利他以外，也需有利己的能力，也就是維持應有的競爭力，方能持續成長並反饋於社會，成為一個正向的循環。

　　詹老師主張在實行這些系統化工具時，必須站在利他及雙贏的角度才能夠成功。以銷售方法為例，當我們站在顧客的角度思考時，便有利於顧客，讓顧客需求被滿足，進而認可我們、給予訂單，此時就是利他利己的雙贏；其強調的 Strategy／System／People，便是使用策略性、系統化的工具達到利他共好的目標，亦與我的信念不謀而合。2020 年是勤誠關鍵性的一年，面對內外部環境的巨大變動，以及建置嘉義廠的挑戰，才讓我有機緣結識詹老師及其系統化方法與思維。而勤誠自 2020 年起正式加入永續企業經營協會，在「愛、知識、利他」的引導下，學以致用，財務指標日益穩健，庫存降低、人力精實、交期縮短，財務獲利增加，相信勤誠亦將一步一步實踐永續企業的價值與願景。

—— 勤誠興業董事長　陳美琪

推薦序 ————
看不見的力量，具魅力的知識 　　　　　陳亞男

2020 年和朋友聊天時不經意透露，要去台中上一門「精實拉動」的課程，當時還被取笑，「跑那麼遠幹嘛，台北難道沒精實專家？」

2021 年朋友們又問及台中課程如何時？我說正在學習「技術六標準差」，朋友瞪大雙眼半質疑地問，「聽起來蠻深奧的，有用嗎？」

2022 年初我婉拒了一場飯局，理由是要去台中上「哲學方法論」，這位朋友用極為關切且不安的口吻說，「妳應該去休假散散心，可能更好吧！」

兩年之間，董事長和我派員參與詹志輝老師的課程不下數百人次，我更是場場必到，試問若沒有績效，何來理由維持這股熱情動力；何況勤誠相當驕傲的企業文化就是持續學習精進，但也總有縈繞不去的糾結，因為「努力學習與具體成效，往往劃不上等號！」

好一個直球對決的問題，沒錯，必須見效，不然被笑。

先舉一例子來說吧。

勤誠在伺服器機殼核心價值領域裡，一直強調機殼設計的高相容性及高差異化的能耐，不論客戶內建的 CPU 應用，主機板規格和各個硬體長相如何不同，都不會影響勤誠產品在技術兼容性和差異化上的融合度；甚至以往提到「差異化」，總以為要把產品做得與眾不同，才稱得上出類拔萃，反而走進虛無飄渺的窄巷子裡，卻端不出好成果。

通過「概念工程」和「品牌經營」兩堂課，解決多年來勤誠

一直試圖說清楚，卻講不俐落的盲點，清楚勾勒出品牌的核心價值——「容‧異‧不容易」（Compatible yet Differentiated, Made Easy），同仁們在課程上按詹老師的方法論歸納出此五個字時，都不禁雀躍感動不已，甚至繼續強化出「內建無限制，外殼唯勤誠」（Whatever's inside; Chenbro Outside）的清晰產品概念。

尤其，擔任總經理我有好幾個領域是從前沒接觸過的，所以在管理上很仰賴經驗所形成的判斷，然而在詹老師的指導下，才驚覺以往自以為的策略，其實並無足夠驗證的方法，完全顛覆了我的管理思維。

簡單再舉一例。詹老師說，若因不懂就找專業的人來管，那叫「棄權」；至少要懂基礎知識及架構再找專業的人來，才是「授權」；「各部門經理人是專才，作為經理人的管理者則是通才；論深度，通才比不上專才，論廣度，唯通才方能面觀全局」。

因此，通才的前提是不設限的知識學習，老師的「棄權論」讓我決心面對研發、製造等不擅長的項目，並與團隊建立起共同語言。這段日子以來，逐漸感覺到改變所帶來的改善，「絕不棄權」已是我的新經營信念。

舉上述兩例，是想具體表達詹老師近兩年帶給我與勤誠團隊全面性的影響，只能說「時效兼容實效，真不容易！」當然，最令我感覺不可思議，也是之前提及讓我朋友情緒失控的「哲學方法論」，原來知識邏輯的思考建立，才是真正管理經營的根本，這絕非一般人能說清楚，講明白的。

我和所有上課的企業家同學們，都有一個共同感受，聽詹老師的課，越聽越有趣，就像原本鍵盤上跳躍的單音符，突然匯集成氣勢磅礡的交響樂曲，讓以往「知識」、「利他」、「愛」，這些有點世俗又被無限放大的空洞詞語，終於聽懂了他們之間的關聯性。今年的策略會議，我更是帶領團隊朝向詹老師教授的「知識」、「系統」、「人」去實踐勤誠的無限永續。

　　進入管理諮詢十幾年，有幸服務過上百家大中型企業，協助他們導入諮詢項目；也合作過上百位顧問老師，其中不乏業界知名的大咖。大概從 2017 年開始，有機會跟詹志輝老師開始了長期緊密的協作，這之後，也讓我打開了諮詢的新世界，可以說，詹老師是我所遇到的管理諮詢界裡的「聖母峰」。

　　首先是博學。在遇見詹老師之前，我們很難相信，會有這麼一個奇才，能把企業經營管理的各個方面，從戰略地圖到領導力；從品質提升到運營效率；從爆品開發到品牌行銷，甚至於神經學、哲學……跨越了不同領域的系統知識都了然於心。詹老師通過系統知識的傳遞，具體項目的實踐指導，為國內很多企業進行賦能，協助他們取得了可觀的績效提升（包括產品銷量、市場份額、生產效率、品質改進甚至技術突破等）。是這些一個個成功的專案讓我們的工作才更有意義。

　　其次是務實與利他心。每完成一次交付，詹老師常常會轉過來問我，今天如何，這樣對他們有沒有幫助？潛移默化中，我也養成了專案服務中永遠首先考慮客戶價值的習慣。比如在輔導企業做爆品開發的時候，老師會常常比企業自己還要緊張產品上市的銷量（數據證明老師輔導過的很多新品都在同品類中獲得了矚目的成績）；在輔導企業精益生產時，他會關注庫存和交期的真實數據改善（庫存減半和交期減半是基本目標）；在輔導企業建立戰略銷售系統的時候，他會追蹤一段時期後新獲得的戰略客戶訂單有多少……

　　詹老師身上具有很大的能量，這些正向的影響力，常常會鼓

舞著學員企業中的高管，以及年輕人去持續學習，豐富自己；去學會愛，學會利他；去關注健康，才有能力更好地為社會貢獻價值。我甚至會在三五年之後，依然不時會收到以前的學員發來的訊息，分享自己的成長，企業的進步，感恩職業生涯中遇到詹老師。

最後，我由衷地希望更多的人可以從詹老師的著作中獲得滋養，得到力量。如老師所期，大家能因為學習正確的系統知識，更深刻地思考，一起為美好的人類社會的永續貢獻自己的力量。

——SBTI 亞太區國際業務總監　陳玲

到達「善的彼岸」之煉金石：跨域整合的科學哲學

Philosopher's Stone: Philosophy of Multidisciplinary-Unified Science

許婷怡

　　「企業」絕對是最地表上最複雜的有機體，以其所涉及的人類、社會、自然科學所有的學科與知識，幾乎是所有領域學門的加總，而「企業永續經營」肯定亦是過去、現在、未來的人類世最艱難的挑戰之一。

在越複雜的領域，越需要哲學知識系統工具

　　「哲學的知識」和「哲學思考技術」在人文和科學同步高度發展的社會中，已被視為「必要」的教育和應用；將「哲學的理念和方法」落實在政府、政策、公司、企業、團體、非營利組織等機構，在先進國家是重要的傳統和慣例。越複雜的領域，越需要哲學知識和系統性思考；美國、英國和歐陸有許多頂尖企業的創辦人、CEO、首席顧問即出身於名校的哲學系所。

　　諸如在賈伯斯創立的「蘋果大學」當全職哲學家顧問，將複雜的技術變簡單的約書亞・科恩（Joshua Cohen，1951）；PayPal之聯合創辦人彼得・泰爾（Peter Thiel，1964）；2016美國共和黨總統候選人、曾任惠普公司董事長兼 CEO 的卡莉・費奧莉娜（Carly Fiorina，1954）；Overstock.com 創始人兼首席執行官，帕特里克・伯恩（Patrick Byrne，1962）；Google顧問委員，盧西亞諾・弗洛里迪（Luciano Floridi，1964）；艾康企業（Icahn & Co）的創始人、收購併環球航空公司的卡爾・伊坎（Carl Icahn，

1936）；創辦 Slack 軟體公司以及Flickr網站社群的斯圖爾特・巴特菲爾德（Steward Butterfield，1973）；師承著名哲學家卡爾・波普爾（Karl Popper）的索羅斯基金管理公司主席，也是美國眾議院外交事物委員會主席的喬治・索羅斯（George Soros，1930）；美國有史以來最成功的益智遊戲電視節目的開發者亞歷克斯・崔貝克（Alex Trebek，1940）；LinkedIn 的聯合創始人里德霍夫曼（Reid Garrett Hoffman，1967）；美國聯邦存款保險公司（FDIC）主席，成功防止金融體系在 2008 年崩潰的希拉・貝爾（Sheila Bair，1954）；前房利美總裁兼首席執行官赫伯特・艾莉森（Herbert Allison Jr.，1943）等等。

「永續企業協會」著實是一個不可能的存在

　　相較於英、美、歐陸國家，「哲學思考」、「邏輯學」、「質性思考」、「跨領域思考」的訓練從未是亞洲國家傳統教育著重的區塊，尤其在領域專家和知識密度如此集中的華人社會。「永續企業協會」著實是一個不可能的存在，本書即聚焦在「永續企業協會」這個「企業家的柏拉圖學院」，真實記錄有如《理想國》中一群愛知識的「哲學家國王」（Philosopher Kings）；長期持續研發、實踐，提升企業經營績效的「哲學方法論」、「跨產業最佳實務路徑」、「遠程技術、近程轉換」；以及企業經營者如何實踐企業永續的「治國方略」，並且對社會帶來貢獻。

以嚴謹的哲學方法論研發的商業系統工具

　　永續會總顧問詹志輝老師在設計商業系統工具的前置作業，已先整合了所有跨學科跨領域的質性研究，包括「各領域系統的科學知識」和「各領域系統的哲學邏輯」；每一支系統工具都是依據嚴謹的哲學邏輯，提煉跨領域科學知識和實務操作技術，讓企業經營者在思考和執行時，可一併產出正向的相互關聯。一如

總顧問詹志輝老師所言：「精實不是專注在找尋浪費，而是在拉動的過程中，使浪費自然消失。」

　　有幸成為「永續會」的一員，我認真努力學習著總顧問詹志輝老師開發的「商業系統工具」和「哲學方法論」；尤其是「哲學方法論」──它是深藏於每一支商業系統工具裏重要的符碼、哲學家的煉金石（Philosopher's Stone），更是「永續會」的「哲學家國王們」最嚮往最敬畏的武器。「哲學方法論」加上「商業系統工具」；二者加總的知識系統，即跨領域系統整合的「企業永續經營方法」，質量嚴謹、與時俱進、100% 可落地實踐、值得傳家的「科學哲學」。

流動的哲學工具，在流動的哲學工廠中，不斷進行拆解、組裝、整合、實證和驗證

　　古希臘哲學家赫拉克利（Heraclitus）從哲學概念上說：「人不能踏進同一條河兩次。」然而，完整哲學工作是要從思維（think）到實證（do）所有路徑（roadmap），都有精準的哲學工具對應「抽象和具體」、「形上和形下」、「已知和未知」，尤其在企業的經營中可落實的哲學方法論，不能空有理論、概念、心法，而缺乏可對應的連結、推論、實證。

　　以下我列舉幾個經常出現在詹老師工具系統裡的哲學方法（methodology & roadmap），也是永續會優秀的企業前輩長年以來最為熟知且持續熱衷談論的 know how 和 IP。

單一領域、一個議題的哲學思考

　　・「知識」、「概念」的拆解和分類之前，先定義語言

　　如果語言不夠明確，在推論前必須明確定義。事實上，能明確陳述問題，是哲學思考中最困難的一件事。

　　・連最小的一件事也要系譜

　　尼采的「價值重估」；追蹤其歷史、事件、分析基因、陳述

所有知識體系的基礎單位，有助於防止價值偏誤，也有助於質性思考的起點。

(1)自然科學的基本元素

- 基本粒子：玻色子／費米子
- 場：基本粒子結合的場／能量流動的場，例如電流產生的磁場／玻色子場，例如希格斯場
- 力：場受能量改變在空間中的運動
- 時間：物理運動的度量衡

(2)人類、社會科學、倫理學的基本元素

- 意識或意識體
- 神經傳導物質
- 荷爾蒙與費洛蒙
- 量子生物學
- 分子生物學
- 細胞生物學

• 推論一個議題，所有哲學工具應儘可能介入

解構、定義、系譜、分析、因果律、歸納、演繹、一致性、物理、數學、量子力學、量測、公式。

多／跨領域的知識、多個組合議題的哲學思考

• 建立事件椿點：記錄哲學議題相關的已知事件，而不去解釋它。事件椿點包括：已經被實驗驗證或觀察驗證的事件；可被證實的歷史事件；難以被否定的現代事件；保留被存疑的事件。非常神奇，光做這些事也能解決很多問題。明確指出問題，就等於解決了問題的一半，如果無法明確指出問題，蒐集大量事件椿點是有效的。

• 宏觀微觀切換，遠程概念近程轉換，包含的領域越多，效益越高。單一領域知識容易近親繁殖，無法產生新的「品種」；多領域知識元素的碰撞，能整合出更高維以及降維，化簡為繁和

化繁為簡的應用。

‧從已知（實踐成果）推未知；協助建立實踐模型和理論模型；永續會總顧問詹志輝老師的哲學專長之一便是精準導出「後形下」和建立「後形上」；這也是協助帶領企業永續經營的關鍵哲學方法。若沒有找到精準的元素和語言，要導出「後形下」和建立「後形上」流程有諸多困難，甚至嚴重偏誤的後果，將導致領域知識和技術停滯不前的困境。

跨域科學哲學的形上形下

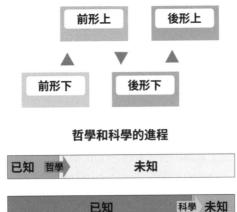

‧質性研究／量性研究；升維／降維思考；建立系統假設／結構與重構模型／近程轉換的範例：人類的大腦演算法

質化模型案例：大腦演算法

・整合跨領域科學哲學的系統，以「品牌學」為例：

總顧問詹志輝老師的「品牌學課程」史無前例地從「大腦神經學」出發，從生物學和多領域視角的角度解釋如何規劃符合人類大腦思維偏好的品牌，深入分析目標族群（Target Audience）的 Spiritual Me 和 Social Me。這門跨大量知識領域的「品牌學」整合「細胞生物學」、「意識」、「大腦認知科學」、「當代文學」、「品牌行銷」、「政治學」、「社會學」、「美學」、「教育」的哲學問題和實務經驗。在學習的過程，大腦跳脫了慣性思考的框架，和潛意識對話的大腦不時處於「衝浪」的狀態；讓企業家不假他人之手，透過哲學思考，創造出讓顧客印象深刻又愛不釋手的品牌。

其他精準又強大的哲學方法和邏輯學，待讀者細讀，從精彩的全書內文中洞悉領略。

我問了無數不相干的問題。但願我能砍出一條路來，走出這個森林！（維根斯坦，《文化與價值》，1977）

感謝「永續企業協會」這個不可能的存在，讓我們確信企業需要的不只是專家或通才，且是具「思考全局」有哲學能力的經營者和思考型的團隊。期盼「永續企業協會」的拋磚引玉，能夠為亞洲地區的企業注入更多知識、利他、愛的能量，在 AI 世代中企業經營者能善用哲學方法將已知的科學和科技持續向前推進，讓企業永續，到達「善的彼岸」。

博森國際外語藝術學院創辦人／執行總監

許婷怡博士

目 錄

Chapter **1** — 序曲

Chapter **2** — 企業經營的哲學方法論

Chapter **5** ── 設計六標準差

1

Chapter

序曲

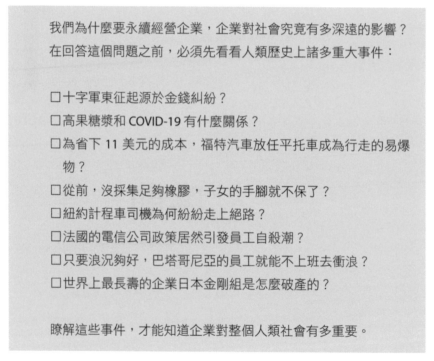

我們為什麼要永續經營企業，企業對社會究竟有多深遠的影響？
在回答這個問題之前，必須先看看人類歷史上諸多重大事件：

□十字軍東征起源於金錢糾紛？
□高果糖漿和 COVID-19 有什麼關係？
□為省下 11 美元的成本，福特汽車放任平托車成為行走的易爆
　物？
□從前，沒採集足夠橡膠，子女的手腳就不保了？
□紐約計程車司機為何紛紛走上絕路？
□法國的電信公司政策居然引發員工自殺潮？
□只要浪況夠好，巴塔哥尼亞的員工就能不上班去衝浪？
□世界上最長壽的企業日本金剛組是怎麼破產的？

瞭解這些事件，才能知道企業對整個人類社會有多重要。

　　三十年來，我的職場生涯都在探索企業的本質和經營之道，這本書是
最後幾年的探索歷程及答案。

企業對社會的影響

首先，我想知道的是，企業對社會的影響是什麼？這個探索之旅從水都威尼斯開始。

在西元 452 年，匈奴王阿提拉（Attila）侵擾義大利北部，攻陷米蘭（Milano）和維洛納[1]（Verona），又將阿奎萊亞（Aquileia）夷為平地。阿提拉的入侵，使波河平原上的羅馬百姓逃至附近的潟湖濕地。匈奴騎兵沒興趣涉水追殺他們，這群羅馬難民遂定居在濕地裡，成為威尼斯的第一批居民。

威尼斯位處一個沒有土地資源，也沒有淡水資源的荒蕪海灘，為了生存，居民不得不轉以海上貿易維生，使威尼斯持續發展成以航運為主的商人城市，並掌控了地中海的主要貿易，成為世界上最早的商業國家，並被視為現代資本主義的誕生地（圖 1-1）。

圖 1-1 │ 　威尼斯金幣達克特（Ducat），約發行於 15 世紀初。正面為聖馬可（St. Mark）將旌旗交給總督（Doge），背面為被群星環繞的耶穌。圖片來源：Classical Numismatic Group, LLC，詳見 https://cngcoins.com。

在莎士比亞（William Shakespeare）的歌劇《威尼斯商人》（Merchant of Venice）中，猶太人夏洛克是一名高利貸商人，為報復基督徒安東尼奧，

1　羅密歐與茱麗葉的故鄉。

便開出極為嚴苛的借約，只要安東尼奧未能如期還款，就得割下胸口的一磅[2]肉作為償還。夏洛克在莎士比亞筆下那唯利是圖、自私無情的生動形象，彷彿就是當時威尼斯人的縮影。

威尼斯人所信仰的不是宗教，而是商業。這讓威尼斯人敢於作為主謀，讓在第四次十字軍東征中無力償還威尼斯債務的騎士們，搶劫並血洗了同為基督教世界的君士坦丁堡。

故事得從 1202 年說起。渴望為基督教事業建功立業的教皇依諾增爵三世（Innocentius PP. III）發動了第四次十字軍東征，然而要前往被異教徒所控制的耶路撒冷（Jerusalem），最快的方式正是十字軍不擅長的海路。威尼斯人仗恃自身的海上技術與資源，向十字軍開出極不公平的報酬條件，以換取威尼斯的 4 萬大軍及艦隊東征。

但就在出征前夕，十字軍領袖的死去，讓許多貴族紛紛撤走了資金。無力償還造船費用的十字軍讓威尼斯總督恩里科‧丹多洛（Enrico Dandolo）十分惱火，威尼斯人可是在這兩年時間裡停止所有貿易活動，傾全國上下之力為出征做準備！不甘損失的丹多洛便要求十字軍攻下匈牙利的札拉（Zara），以掠奪財富，償還債款。

札拉之役後，威尼斯因亟欲收復戰事欠款，加上垂涎龐大的商業利益，說服十字軍各領袖攻打君士坦丁堡，扶植流亡政權阿歷克塞四世‧安格洛斯（Alexius IV Angelus）[3]上位。然而施政無能的阿歷克塞四世很快被推翻，新任皇帝更是拒絕兌現過往的一切承諾，此舉徹底激怒了十字軍與威尼斯人，進而策動聯軍再度進攻君士坦丁堡。1204 年 4 月 13 日，聯軍進城後放肆地展開長達三天的掠奪，瘋狂洗劫殺戮，甚至破壞教堂、盜走聖物。此次事件所劫得的財物總額高達 50 萬銀馬克，遠遠超出十字軍原本的 20 萬銀馬克債務，威尼斯也因此獲得君士坦丁堡的豐厚財富（圖1-2）。

結果第四次十字軍東征不是攻擊伊斯蘭人和解放耶路撒冷，而是受威尼斯的利誘，改變軍事計劃、破壞基督教聖城、殺戮基督徒。此舉無疑是

2　約 0.454 公斤。

　3　拜占庭帝國皇室成員之一。

圖 1-2 | 　法國畫家歐仁・德拉克洛瓦（Eugène Delacroix，1798～1863）
　　　　在 1840 年創作的《十字軍占領君士坦丁堡》（The Entry of the
　　　　Crusaders into Constantinople）。

掏空基督教世界的基底，間接助長了伊斯蘭勢力。1452 年鄂圖曼在攻陷君士坦丁堡之後繼續往西擴張，和威尼斯發生多次的戰爭，造成其重大損失。這正是威尼斯商人竊奪君士坦丁堡財富的報應。

　　從 1980 年代開始，美國許多飲品企業為了節省成本，捨天然果糖或葡萄糖而改用高果糖漿。有一些批評指出高果糖漿是由基因改造農作物製成；部分營養師也警告，高果糖漿可能與肥胖症及糖尿病的病因有關。根據美國的流行病學研究，肥胖症與糖尿病盛起的 1980 年代，正好與高果糖漿大量普及並壓縮其他糖類用量的時間相吻合。

　　2013 年的《美國臨床營養學期刊》（American Journal of Clinical Nutrition）有著這樣一篇研究：研究團隊讓實驗組的猴子食用玉米糖漿加低脂食物長達七年，並與食用一般低脂食物的猴子進行對照，做出生理評估報告。結果顯示，實驗組猴子的糖尿病的罹病風險是對照組的三倍，甚至促進脂肪肝之發展[4]。

　　美國北卡羅來納大學（University of North Carolina）的研究指出，BMI 超過 30 的肥胖者，罹患嚴重特殊傳染性肺炎（COVID-19）的機率較一般人多出 46%，必須入院治療的風險增加 113%，重症機率提升為 74%，更帶來高出 48% 的死亡風險[5]。根據美國 Glytec 數據庫統計，在 2020 年 3 月到 4 月間確診 COVID-19 的上千名住院患者中，有高達四成的病人罹患糖尿病或高血糖。這些住院患者的重症死亡率高達 29%，與一般患者僅 6% 的死亡率相差甚遠[6]。在法國，53 家醫院於 2020 年 3 月 10 日至 31 日研究 1,317 名因感染 COVID-19 住院的糖尿病患者，發現在他們入院的七天內，約有三成的病患轉入 ICU 病房，而有約 10% 的病患因重症死亡[7]。

4　Kylie Kavanagh et al, Dietary fructose induces endotoxemia and hepatic injury in calorically controlled primates, *American Journal of Clinical Nutrition*, 2013.

5　Barry M. Popkin et al, Individuals with obesity and COVID-19: A global perspective on the epidemiology and biological relationships, *Obesity Reviews*, 2020.

6　Bruce Bode et al, Glycemic Characteristics and Clinical Outcomes of COVID-19 Patients Hospitalized in the United States, *Journal of Diabetes Science and Technology*, 2020.

7　Bertrand Cariou et al, Phenotypic characteristics and prognosis of inpatients with COVID-19 and diabetes: the CORONADO study, *Diabetologia*, 2020.

　　威尼斯商人和高果糖漿的案例，都是企業為社會帶來的不良影響，但是企業對社會也有很正面的貢獻。

　　在人類歷史長河中，推動人類社會發展最重要的力量之一，就是「提高生產力」。提高生產力包括工具的進步，或用更有效率的方法生產物品。而好的企業，可以透過生產力提升讓社會更富足。

　　18 世紀，英國揭開了工業革命的序幕，科學技術自此成為催動生產力前行的重要基礎，使人類能以更高的效率完成生產，並用更低的成本創造相同的價值。當印度紡紗工人還在小作坊裡，耗費 5 萬小時以手工紡出 100 磅的生棉時，英國紡紗工人早已在工廠裡利用配有 100 個紡紗的走錠精紡機（spinning mule）[8]，織出了 50 倍的數量。

　　其後，動力織布機（power loom）[9]和自動走錠精紡機（self-acting mule）[10]相繼普及，將生產時間從 300 小時更進一步降至 135 小時[11]，短短 30 年間，生產力增加 370 倍。從此，衣服變得平價，即使貧窮百姓也負擔得起，也讓更多的勞動力從手工生產中釋放，得以把時間轉向探索更多的科技技術與知識，將整體人類社會導向一個全然不同的光景。

　　企業對社會有正面和負面貢獻的可能，這是選擇題，端看企業經營者如何決定。選擇負面效應的企業，少數可以有不錯的財務效益，多數卻是短多長空，最終獲利受損。即使財務效應不錯，造成的社會傷害也終將得到報應。

　　工程師出身的亨利・福特（Henry Ford）於 1908 年推出的 T 型車（Model T），寫下了人類交通工具史嶄新的一頁（圖 1-3）。他率先將流

8　由織布工人出身的發明家塞繆爾・克朗普頓（Samuel Crompton）於 1775 年至 1779 年間發明，1790 年代起被廣泛使用，並在蒸汽動力普及後，成為製棉工廠的主力設備。

9　由埃德蒙・卡特賴特（Edmund Cartwright）發明，以水力作為驅動能源，可快速生產棉布，使服飾產量大幅躍升。

10　由理查・羅伯特（Richard Robert）發明，實現了精紡機的自動化，不僅生產速度快，品質也不亞於傳統精紡機，將製棉工業推向了一個全新的高峰。

11　Kazuyuki Mogi, On the Non-linear Development of the Mule Cotton Spinning Machine and the Spinner's "skill" in the Early British Cotton Industry, *The Economic Journal of Takasaki City University of Economics,* 2003.

圖1-3 | 福特汽車組裝線，攝於 1913 年，作者未知。圖片來源：美國國家檔案和記錄管理局（The U.S. National Archives and Records Administration），https://www.archives.gov/exhibits/twww/assets/img/4.6.jpg。

水線的生產概念導入汽車工業，將原本複雜的製造流程拆解為易於重複操作的任務，生產可通用的零部件，同時解決了勞力密集、高技術導向，以及個體手工製作所造成的高生產成本問題。

單位產能提升，而製造成本卻下降，使 T 型車的銷售價格獲得了更大的彈性空間。福特將這個利潤的彈性空間讓給了他的員工和顧客，縮減工人的工時、提高他們的薪資報酬，T 型車低廉的售價也拉動了大量的市場需求，使汽車成為平民百姓也唾手可得的實用工具。

1972 年某日，13 歲的理查·格林蕭（Richard Grimshaw）乘坐鄰居駕駛的福特平托車（Pinto）回家，停車時不幸遭後車追尾撞擊，油箱破裂爆炸，整輛車燒成一片火海。駕駛當場死亡，格林蕭嚴重燒傷，失去了鼻子、左耳和大部分左手，並在其後的六年內先後接受了 60 次以上的整容手術及治療。事後格林蕭一家提起了訴訟。原告律師指出，由於該車種的油箱位置距離合器僅略高於 8 公分，中強度的撞擊即可引起爆炸，並當庭出示了福特汽車進行碰撞試驗的影像證據。該影像證據顯示，他們明知一旦發生碰撞事故就能引起爆炸，卻無視工程師提出安裝減震保護裝置要求，因為這會讓每輛平托車增加 11 美元的成本。

最令陪審團震驚的是，福特汽車會作出這樣的決定，只因從成本角度分析，與其裝設減震系統，不如將事故賠償費用認列為生產成本。福特汽車是這樣計算的：根據預估產量，安裝系統將產生近 1.4 億美元的額外支出。依事故發生概率及當時普遍判例推估，事故賠償的可能最大支出也不會高於 5,000 萬美元，怎麼看都是個划算的選擇。

憤怒的陪審團因此認為福特汽車應賠償格林蕭 1.25 億美元，其中 1 億美元為原告律師根據福特汽車節省下的成本提出的賠償請求，另外 2,500 萬美元則是陪審團加上，作為他們無視消費者生命安全的懲罰。雖然加州聖塔安娜（Santa Ana）法院並未採納陪審團決議，最終將罰款降至 350 萬美元，這個罰款在 1978 年仍可以被視為一個天文數字。

最終，決定作惡的福特汽車還是受到報應了。

企業對幸福的影響

「一名非洲人父親衝上我們泥屋露臺的台階，把他女兒的一對小手小腳放置在地。而這對手腳的主人，目測不超過五歲。」

——約翰·霍比斯·哈里斯（John Hobbis Harris）[12]

1904 年，英國外交官羅傑·凱斯門特爵士（Roger Casement）遞交一份關於剛果的調查報告給英國政府，揭露當時的剛果自由邦（Congo Free State）就像是一家私人企業，而老闆就是堪稱全世界最惡劣的雇主——比利時國王利奧波德二世（Leopold II）。他利用極為殘酷的統治手段，以武力迫使剛果人民成為奴工，榨取這片土地豐沛的象牙、橡膠和礦物，甚至成立公安軍隊管理、監督橡膠園的勞動情形。只要橡膠採收的產量未達標，公安軍隊就會砍斷奴工子女的手腳作為警告（圖 1-4）。即便這場夢魘已在百餘年前終結，剛果人民至今仍未走上正常發展的道路，幸福更是無從談起。

---

12 英國傳教士，1890 年起活躍於剛果自由邦（Congo Free State），為反奴隸制暨先住民保護協會（Anti-Slavery and Aborigines Protection Society）主席，與妻子愛麗絲致力記錄利奧波德二世在剛果自由邦的惡行，並將之公諸於眾。

圖 1-4 | 由於黑人奴工的橡膠產量未達標準，公安軍隊砍下他小女兒的手腳以示懲戒，妻子也接著遭到毒手。這名父親不被允許自殺，最終絕望地死在橡膠園的工作中。照片由愛麗絲・希莉・哈里斯（Alice Seeley Harris）1904 年攝於剛果自由邦，發表於愛德蒙・戴恩・莫雷爾（Edmund Dene Morel）的書籍《利奧波德國王統治下的非洲》（King Leopold's Rule in Africa）[13]。

13　E. D. Morel, King Leopold's Rule in Africa, William Heinemann, London, 1904 and Funk & Wagnalls Company, New York, 1905.

> **「我不是奴隸。我拒絕成為奴隸。」**
> ──道格拉斯・席夫特（Douglas Schifter）[14]

　　2018 年 3 月，羅馬尼亞裔的紐約計程車司機尼卡諾・奧奇索（Nicanor Ochisor）被發現在自家車庫中上吊身亡，家屬將矛頭指向優步（Uber）和來福車（Lyft）等共享汽車的興起。隨著共享汽車服務搶占市場，計程車產業受到嚴重衝擊，計程車動章制度[15]也隨之崩壞。而選擇轉投共享產業的司機受到極為嚴苛的費率壓榨，幾乎無以為繼。執照動章過去曾被不易謀職的移民家庭視作保障，這不僅能讓他們載客賺錢，也能在退休時變賣安生，因此不少司機都借貸購入。曾抵萬金的執照動章如今一文不值，讓背負巨額貸款的傳統司機不堪經濟負荷，紛紛走上絕路（圖 1-5）。

圖 1-5 ｜　計程車司機在主要道路上抗議優步。
　　　　　資料來源：Evgenii Kamyshanov/Shutterstock.com。

14　紐約計程車自殺潮死者之一，死前曾在個人臉書（Facebook）頁面中留下對計程車產業現狀的諸多不滿。

15　紐約計程車之特許營業證。取得動章的計程車車身為黃色，可於紐約市內所有行政區載客；動章可自由租賃、買賣，但總數仍受政府控制，價格一度水漲船高。

> 「我再也無法忍受這個工作，而法國電信一點也不在乎，他們只在乎錢而已。」
>
> ——尼可拉斯・葛倫努維（*Nicolas Grenoville*）[16]

2008 年，面臨數位轉型所帶來的生存危機，國營的法國電信（France Télécom）計劃改制，以裁撤逾兩萬名員工的方式降低營運成本。但是國營事業屬於終身職，依法不得隨意資遣員工，於是以執行長迪迪埃・隆巴德（Didier Lombard）為首的經營高層，決定採取極端手段完成任務：「我將會不擇手段地達成裁員目標，不管員工是從門口走出去，還是從窗戶跳下去。」公司透過貶低員工自尊、將員工調離居住地工作、冷處理或架空員工職務等方式，製造焦慮的工作環境，造成多達 35 名員工自殺，有些人以臥軌、跳樓、割腕、上吊、自焚等各種激進手法結束了生命。

然而，企業對員工的幸福也可以是正面影響。

2018 年美國紀錄片導演麥可・摩爾（Michael Moore）曾在《插旗攻城市》（*Where to Invade Next*）中訪問重機公司杜卡迪（Ducati）和拉迪尼服裝公司（Lardini）的執行長，他們一致認為，好的企業就應該給員工好的福利。經營企業的重點不在經營者能賺多少錢，而是如何讓員工幸福，並與他們維持良好的關係。杜卡迪的執行長認為，企業福利是一種社會福利，因為企業可以彌補社會對百姓照顧不足之處——這就是企業的社會責任。

戶外用品公司巴塔哥尼亞（Patagonia）創辦者伊方・修納（Yvon Chouinard）相信，唯有做到友善環境，才能達成企業的永續及員工的幸福[17]。從 1972 年發起「乾淨登山」（clean climbing），到 1996 年起只使用百分之百有機棉製成所有棉質衣料，巴塔哥尼亞將環保理念極致體現在每個產品細節中。他們發明不會破壞岩壁的岩楔，只為了永遠有山可爬；

---

16 葛倫努維是一名性格內向的線路技工。他在無故被調轉至業務部門，並遭惡意壓榨後憤恨自盡，當時年僅 28 歲。

17 伊方・修納（Yvon Chouinard）於今年（2022 年）宣布放棄市值 30 億美元的公司所有權，以對抗環境危機、保護大自然，聲明「現在，地球是我們的唯一股東」，詳見巴塔哥尼亞（Patagonia）官網。

他們製造耐用的多功能裝備，因為每多製造一項產品，就會造成一定的環境傷害；他們追溯棉料的種植與製程，避免有毒化學物質汙染土壤與河流，進而影響員工、人民與地球的健康。

　　雖然有些人認為巴塔哥尼亞有機與永續的做法，不僅會增加成本與售價，更不利於商業競爭，但這群熱愛自然、熱愛戶外運動的人們，用行動向大眾證明了消費者願意為有價值的綠色產品買單——巴塔哥尼亞 2021 年的全球營業利潤超過 12 億美元[18]。良心企業巴塔哥尼亞正是一間完美融合永續理想、兼顧獲利與員工幸福的企業典範。

18　Patagonia Inc., Patagonia 2021 Annual Report, 2021.

圖 1-6 | 　　法隆寺建築工藝精湛，現為著名世界遺產。
資料來源：Lina Balciunaite/Shutterstock.com。

長壽企業的本質

創立於西元 578 年的日本金剛組，是現存已知最古老的企業，他們的家族以建築維生。金剛組在日本聖德太子（西元 574～622 年，日本飛鳥時代的皇族）時代，因負責大阪四天王寺的建造工程而發跡，成為專門修繕和營建神社寺廟的專家，名聲至今不墜。其所修葺的法隆寺現已被列為世界遺產（圖 1-6）。

其他常見於日本及歐洲的古老企業，他們的經營項目也有可能是旅館、酒莊、餐廳、鑄鐘、木工、茶行等；而在中國，這樣的古老企業則多是經營餐廳、酒莊和藥坊。這些古老的家族企業是一種社會經濟單元，目的是獲得成員所需的生存資源。在這樣的社會經濟單元中，經營者及成員通常都擁有技術，匯集人力與資源，提供優質的商品、服務或交易，以確保事業經營順利，維持生計和家業（也就是維持家族的後代生計）。這種企業的擁有者通常就是經營者，員工則可能是家族成員，或是家中的幫傭及奴工。

這些長壽企業到底有什麼過人之處，能夠代代相傳，永續經營先祖留下來的事業？靜岡大學教授館岡康雄在他的著作《綜效社會論》中指出，長壽企業的管理的確有特異之處，企業和員工一體同心，每個員工因彼此互利而感到富足，這種富足感成為延續企業生命的要素。

這些生存至今的古老長壽企業擁有三個共同的企業本質。首先，企業必須產生有價值的商品或服務，以獲取或交換生存資源，像是金剛組的營建服務。這些生存資源足以養活社會經濟單元中的所有成員，甚至讓他們能在當代過上相對富足的生活。為了持續產生價值，古老企業必須與時俱進。金剛組在千餘年中，不斷吸收東西方的新建築手法，結合先進技術，將其與家族傳統工藝相結合。曾參與法隆寺修復的一位工匠如此表述：「等到兩、三百年以後把這些建築物拆開，負責拆房的木匠必定會想起我們這些匠人。他們會讚嘆道：『瞧這活兒，幹得真棒！』」**對技藝精益求精、孜孜不倦的追求**，是支撐金剛組傲立於世界的重要原因。

其次，古老企業必須有能力對抗環境變化，包含戰爭、氣候、政治、經濟等因素，以維持社會經濟單元的永續生存。19 世紀明治維新，日本興起了一股「滅佛毀寺」的反佛教運動，導致許多寺廟被毀。為了度過政

治變化所帶來的經營危機，金剛組果斷進軍新領域，開始從事商業建築的修造。由於新的領域仍屬建築行業，此次轉型並沒有給金剛組帶來太大的挑戰，高超的建築工藝讓他們在新領域快速獲取成功。又如第二次世界大戰爆發後，日本寺院的建設基本停滯，金剛組再次陷入危機。在這樣的困境之下，金剛組改製造軍用木箱，熬過了這一關。

　　第三，如館岡康雄所述，古老企業將經營成果與成員共享。古老長壽的企業共有的這三個本質與現代企業「為股東創造利潤」的本質並不完全一致。諷刺的是，金剛組從古老企業的經營模式轉變為現代企業的經營模式之後，就破產了。

　　金剛組在 1980 年代開始效法現代企業，購入大量土地進軍房地產業，希望藉由資產操作，而非產生價值來獲利。1990 年代碰上日本經濟泡沫破裂，金剛組因此身負巨債，最終在 2006 年宣布破產，於第 40 代首領金剛正和手中售出。金剛組長達 1,428 年的企業壽命就此畫下句點。

持續獲利

　　永續企業追求三贏，兼顧顧客價值、員工福利和股東權益，三者同等重要。

　　顧客價值指的是提高效率、開發新技術、瞭解顧客需求，創造出對顧客有益、對社會有利的產品與服務。然而，如同這一章所提到各種短視近利的案例一樣，許多企業只以生產劣質品、壓榨供應商、說服顧客購買不好用的產品營利，社群平台上專司詐騙的贊助商當屬此類。

　　永續企業必須將一定比例的利潤分配給員工，讓員工擁有幸福生活。某些企業經營者豪奢度日，基層員工的薪資卻無法獲得溫飽，便不是良心企業應有的做法。

　　永續企業還必須兼顧股東權益，讓股東的投資擁有較好的報酬。

　　要達成這三個目標，永續企業必須持續擁有高水準的獲利，問題是，要正派經營、保證品質，還要持續高水準獲利，這不是容易的事情。這讓我不斷地思考：「**是否存在一種方法可以協助擁有永續思維的企業獲利，或是，把企業變得擁有永續思維並且更會賺錢**」？

找尋系統方法

我常在想，西元前 216 年漢尼拔・巴卡（Hannibal Barca）曾在坎尼會戰（Battle of Cannae）以寡敵眾，把羅馬軍團打得落花流水。時至今日，坎尼會戰仍被譽為軍事史上最偉大的戰役之一。那麼為什麼這個卓越的迦太基軍事家在札馬戰役（Battle of Zama）就慘敗了呢？漢尼拔・巴卡是否錯過了什麼？

我喜歡法國歷史學家馬克・布洛克（Marc Léopold Benjamin Bloch）所著的《奇怪的戰敗》（*L'Étrange Défaite*）。馬克・布洛克是法國重要的歷史學家，《經濟社會史年鑑》（*Annales d'histoire economique et sociale*）的創始人之一。布洛克參加過第一次世界大戰，以上尉軍階退役並獲得法國榮譽軍團勳章。第二次大戰時布洛克可以不用上戰場，卻自動請纓服役，因此親眼目睹法國在西線大敗。布洛克由敦克爾克（Dunkirk）撤退至英國，再渡海回法國。返法時戰事已經結束，布洛克逃過一劫，並在 1940 年寫下了《奇怪的戰敗》，試圖以當代視角解釋法國戰敗的原因。1942 年布洛克加入法國反抗軍組織，並於 1944 年 3 月 8 日被捕，同年 6 月 16 日遭到槍決。

這位愛國的歷史學家親身經歷戰敗的過程，並喪生其中。他在《奇怪的戰敗》中寫道：

「德國人的勝利從本質上來說，是知識上的勝利。」

「他們相信行動和意外，我們則信仰靜止和既定事實。」

「參謀部的可敬行政規則，浪費了許多本應被使用得更好的人力。」

「從一個軍銜到一個軍銜（升官）的過渡，是自然地服從一些規則和習慣。」

「我們 1940 年的（高階）長官，是 1918 年的（中階）長官。」

布洛克相信，是知識不足導致法國在二次大戰快速戰敗。

想要創建永續企業，我們需要有知識的系統方法，而非依靠抽象的直覺使用沒有根據的方法。被稱為社會心理學之父的庫爾特・勒溫（Kurt Zadek Lewin）曾說過：「沒有什麼比好理論更實務。」（There is nothing more practical than a good theory.）

從 1990 年起，我踏上一段尋路歷程，探索經營企業的系統知識。這本書是我三十餘年來尋路和發現「如何把所有企業經營系統完善」的過程。

企業經營的哲學
方法論

為何研究如何經營對社會有益處的企業之前，需要先討論哲學？因為哲學其實不是爭論「人之初，究竟性本善或性本惡」，而是一套嚴謹有邏輯的思維模式。

永續企業經營不能只靠直覺與經驗，而是需要基於理論，因此才需要運用這套思維模式。在開始閱讀本章前，試著回答以下三個問題：

1. 以下哪個內容被刊載在《哲學雜誌》上？
   a. 法國存在主義哲學家支持墮胎的立場聲明[1]
   b. 波耳的氫原子模型（共三篇）[2]
   c. 關於可以吸收腦波的蟲的科幻故事[3]

2. 1948 年，心理學家伯特倫・弗爾（Bertram Forer）為學生設計的性格測試共有幾種結果？
   a. 一種
   b. 五種
   c. 十七種

3. 根據諾貝爾生理醫學獎得主伊莉莎白・布雷克（Elizabeth Blackburn）與團隊於 2009 年發表的研究成果，以下哪個條件與照顧孩童的母親的端粒長度（也就是老化程度）沒有顯著相關？[4,5]
   a. 自我評估壓力較大
   b. 照顧孩童長期患病與否
   c. 照顧孩童的時長（依年計）

上述三題的答案在右頁的註解中[6]，若您認為正確答案令人匪夷所思，閱讀完這個章節，您的疑惑就能得到解答。

　　若企業的成功，是來自經驗或歸納法則，而非基於理論且可被重複，就不適用於所有經營者，因為它並沒有被系統化地分析。想要找尋經營企業的系統知識，就必須先瞭解哲學方法論，然後用哲學方法論來建立系統知識。但是，什麼是哲學？又，什麼是哲學方法論？

1　存在主義哲學家沙特與西蒙波娃等人主辦的雜誌《摩登時代》（*Les Temps Modernes*）曾刊登支持墮胎的立場聲明。

2　尼爾斯・波耳（Niels Bohr）是奠定現代原子學說的丹麥物理學家，其三篇氫原子模型的論文皆發表於 1913 年。

3　短篇科幻小說《一鍋你的靈魂》（*Your Soul in a Pot*）發表於著名期刊《自然》（*Nature*）的科幻小說專欄「未來」（Futures），詳見 Megan Chee, Your soul in a pot, *Nature*, 2022.

4　詳見 Elisa Epel et al, Accelerated telomere shortening in response to life stress, *PNAS*, 2004.

5　也就是說，不論受試者（母親）所照顧的孩子是健康或長期患病，該受試者只要自我評估壓力較大，照顧孩童時長較長，都會得到端粒長度顯著較短的結果。同時，若單純比較照顧健康小孩的母親（控制組）與照顧長期生病的小孩的母親（照顧組），兩組之間的端粒長度並沒有顯著差異。詳見本章節內容。

6　左頁答案分別是 b、a、b。

什麼是哲學？

在過去，哲學的探索包含社會科學與自然科學兩大範疇，也包含可驗證與不可驗證的事物。艾薩克·牛頓（Isaac Newton）以《自然哲學的數學原理》（*Philosophiæ Naturalis Principia Mathematica*）為標題發表了他最廣為人知的三大運動定律（圖 2-1）。尼爾斯·波耳（Niels Bohr）三篇構建了波耳氫原子模型的論文皆發表於《哲學雜誌·科學期刊》（*Philosophical Magazine and Journal of Science*）[7]。由此可見，這些議題在當代都仍被視作哲學的一部分。

然而隨著知識的發展，哲學逐漸式微，並為科學所取代。史蒂芬·霍金（Stephen Hawking）在其著作《大設計》（*The Grand Design*）中曾說過：「長時間來，人們不斷提出許多問題……傳統上這些都是哲學問題，但哲學已死，因為它跟不上科學，尤其是物理學的現代發展。」但是霍金錯了，因為科學其實沒有他所想像得大，現在的已知，只比從前多出一點點而已。所以我們知道，哲學其實還存在很大的發展空間。

人們今天對哲學的理解，是**錯把哲學研究的議題當作哲學本身**[8]。哲學是一套**嚴謹的思考方法**，幫助人們在龐雜的事件中發現真相、解釋混亂的現象，從核心解決問題，建立系統模型。

想要找尋成功經營企業的核心方法，必須先瞭解什麼是哲學方法論，然後用哲學方法來研究及建立系統知識（比如接下來幾章將提到的系統方法論）。

經營企業所運用到的系統會有一項或多項目的；經營議題的陳述越清

---

7 即如今的《哲學雜誌》（*Philosophical Magazine*）。雜誌曾三度經歷整併，分別為 1814 年《自然哲學、化學與藝術期刊》（*Journal of Natural Philosophy, Chemistry, and the Arts*）、1827 年《哲學年鑑》（*Annals of Philosophy*），以及 1840 年《哲學雜誌·科學期刊》。

8 早期許多哲學家運用這套嚴謹的思考方法來思考人類的存在問題，比如卡繆在《薛弗西斯的神話》（The Myth of Sisyphus）中寫到：「真正嚴肅的哲學議題只有一個：那就是自殺。判斷生命值不值得活，就等於回答了哲學最基礎的問題。」又如笛卡兒因為思考自己是否真實存在，最後認為：「因為我能夠思考自己是否存在，因此我存在。」這才有了千古流傳的名言「我思故我在」。

PHILOSOPHIÆ
NATURALIS
PRINCIPIA
MATHEMATICA.

AUCTORE
ISAACO NEWTONO,

EQVITE AVRATO.

EDITIO ULTIMA
AUCTIOR ET EMENDATIOR.

AMSTÆLODAMI
SUMPTIBUS SOCIETATIS,
MDCCXIV.

圖 2-1 |
牛頓發表三大運動定律之《自然
哲學的數學原理》封面。

楚，關鍵目的就會越清晰。例如，精實生產（Lean）方法論的目的是改善工廠生產效率、庫存、交期、成本，並在這個目的的前提下建立有效的模型；六標準差（Six Sigma）方法論的目的是解決品質問題，建立解決品質問題的有效模型，這些問題源自於不知道品質議題的真正原因，而非控制不嚴謹所造成的品質問題；概念工程方法論的目的是開發出真正解決消費者痛點，並能達成銷售成長的新產品。

有目的才能在執行之後檢驗方法論是否正確和有效，如果執行了方法論卻無法達成目標，代表它仍有瑕疵，且需要透過學習、重複進行推論、實驗跟驗證來修正。透過操作模型，檢驗是否可以重複達成目的，是驗證方法論的重要途徑。

選擇議題

哲學方法論的第一步是選擇議題。在試圖著手改善一家企業的任何製程、設計、部門管理、或是工廠某台螺旋切壓機之前，都需要先訂下一個議題。有了議題後，才能根據議題建立知識空間（Knowledge Space），再從知識空間進行推論（Space Logics）、假設、驗證，最後建立模型。

建立知識空間

　　「**在沒有得到任何證據的情況下是不能進行推理的，那樣的話，只能是誤入歧途。**」

——夏洛克·福爾摩斯，《血字的研究》

　　欲研究一議題，必須先儘可能蒐集該領域及相關領域的知識。知識空間由許多事件樁點構成（圖 2-2），事件樁點越多，知識空間越完善，也越能幫助推論。事件樁點是與議題相關的已知內容，包含研究、經驗和已被確認為真的事件。研究可以是專利或發表在期刊的文章，也可以是公司針對某個品質問題所做的實驗，這些研究結果必須要可以被重複驗證。已被確認為真的事件為相關的歷史事件，例如王恭廠大爆炸[9]、中途島海戰美日官方紀錄或雙方士兵的日記與口述或者工廠內的失效事件。

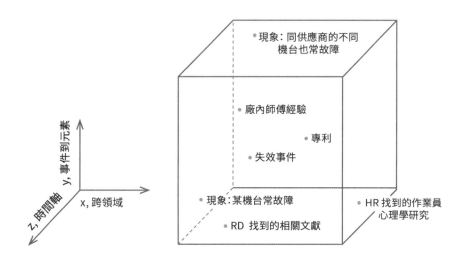

圖 2-2 | 　　研究議題為「為何某廠商出產的某產品總是品質不佳？」的可能知識空間。

9　在《明實錄·熹宗實錄》、《國榷》、宦官劉若愚所著《酌中志》、北京史地著作《帝京景物略》、《宸垣識略》中均有記載，甚至連明代佚名小說《檮杌閑評》第四十回情節之中也提及了此事件。其中以當時的邸報底本《天變邸抄》對王恭廠災變記述最為詳細，該書亦為最早記述王恭廠災變之作。

研究

> 「專家就是一個在很窄的領域裡犯過所有可能錯誤的人。」
>
> ——尼爾斯・波耳

　　1948 年，心理學家伯特倫・弗爾（Bertram Forer）讓學生做了一份性格測試，並將性格評估（見下頁表格）發給每一位學生，宣稱裡面的內容都是根據他們各自的分析結果製成；有八成以上的學生認為結果非常準確[10]。然而這份評估的內容其實是弗爾從隨手在書報攤買的星座書上摘錄而來，充滿諸如「有時候」、「基本上」、「有……的傾向」這類模稜兩可的描述。更重要的是，每個學生拿到的內容都是一模一樣的。

　　這個實驗驗證了一件事，如果以較為正向的詞彙形容性格、用詞刻意模糊，並使用「有時候」增加語句的不確定性，再加上實驗對象相信該分析只應用於他們身上，就會大大提高受試者對於性格評斷的信任度[11]。由此可見，星座書上的描述並不準確，不管是性格測驗或是星座分析，只要描述得有那麼些像，就可以看起來很準。所以，星座描述不準確這件事，是經過驗證的，而未讀過此研究便只會繼續盲目相信星座。假如欲討論的議題是「星座是否是準確的」，知識空間中卻沒有包含這個研究（事件樁點），便很可能會推論出錯誤的結論。

　　其他被驗證但未被廣泛實行的研究顯示，職場上有許多狀況會讓員工工作熱忱降低，因此利用金錢誘因激勵員工，可能會反令員工對工作目標疏離，對企業的影響短多長空、弊多於利[12]。但即便如此，還是很多（沒

10　Bertram Forer et al, The fallacy of personal validation: a classroom demonstration of gullibility, *The Journal of Abnormal and Social Psychology*, 1949.

11　這類型的心理現象後來被稱為「巴納姆效應」（Barnum Effect）。

12　其中最著名的研究之一即是艾瑞利於 2008 年發表於《經濟行為與組織雜誌》（*Journal of Economic Behaviors & Organization*）的「人類對意義的追求：以樂高為例」（Man's search for meaning: The case of Lego）。該實驗讓哈佛學生有償組裝樂高生化戰士（Bionicle Lego），兩組都被告知這些生化戰士將在實驗結束後

伯特倫‧弗爾在課堂上發給學生的性格評估內容：

1. 你強烈需要他人喜歡、讚賞你。 You have a great need for other people to like and admire you.
2. 你有批判自己的傾向。 You have a tendency to be critical of yourself.
3. 你擁有非常多尚未成為你的優勢的、未被使用的才能。 You have a great deal of unused capacity which you have not turned to your advantage.
4. 雖說你有些人格上的弱點，但你基本上都能彌補這些弱點。 While you have some personality weaknesses, you are generally able to compensate for them.
5. 你的性調適（與一個或多個發生性關係對象建立滿意關係的過程）曾給你帶來問題。 Your sexual adjustment has presented problems for you.
6. 你看似紀律嚴明且有自制力，但內在其實容易擔心、沒有安全感。 Disciplined and self-controlled outside, you tend to be worrisome and insecure inside.
7. 有時你會嚴重懷疑自己是否做了正確的決定或正確的事情。 At times you have serious doubts as to whether you have made the right decision or done the right thing.
8. 你偏好某個程度上的改變與多樣性，且會在被限制時不滿意。 You prefer a certain amount of change and variety and become dissatisfied when hemmed in by restrictions and limitations.
9. 你以作為能夠獨立思考的人自豪，並不接受他人未有令人滿意的證據支持下的論述。 You pride yourself as an independent thinker and do not accept others' statements without satisfactory proof.
10.你明白過度直白地表露自己是不明智的。 You have found it unwise to be too frank in revealing yourself to others.

被拆開，但是「認可組」能不斷組裝新的零件，並看見生化戰士在桌子上堆積；「薛西弗斯組」則是邊組裝邊眼睜睜看著自己剛組好的生化戰士被研究人員拆解。結果「認可組」平均比「薛西弗斯組」多組裝了 3.4 個生化戰士，若金錢報價是這些學生組裝的唯一原因，生化戰士有沒有被拆掉就不該影響他們組裝的樂高數。

讀過研究的）企業以金錢為誘因想驅使員工努力工作。又例如在服務業，已經過驗證的研究指出，員工的工作滿意度和顧客的服務滿意度會成強正相關[13]。因此，企業必須運用領導技巧來提高員工工作滿意度。

學術界有許多研究驗證了各種假設——由此可知，模型的建立必須符合，或是不能違反這些被驗證的研究，除非有其他研究可證明先前的結果是錯誤的。

被確認為真的事件

> 「盡信書，則不如無書。」
>
> ——《孟子・盡心下》

除了已被驗證的研究，也需要分析真實世界中的事件。

2021 年 6 月 25 日，美國五角大廈國家情報總監辦公室（簡稱 ODNI）發布的文件稱，自 2004 年 11 月至 2021 年 3 月美國共有 144 個不明空中現象（Unidentified Aerial Phenomena，UAP）被報告，其中只有一個已被解釋（該 UAP 其實只是個巨大的、洩氣的氣球）。另外 143 個未被解釋的 UAP 則大多被推論為「實體」，而非某種「現象」，且少數 UAP 似乎擁有先進的技術。目前沒有資料證明這些 UAP 是外國的資料蒐集計劃（foreign collection program）的一部分，或者與潛在威脅的重大科技突破有關。因為數據有限，此長達九頁的報告未對 UAP 做出明確結

13　參考馬里蘭大學（University of Maryland）名譽教授（Emeritus Professor）班傑明・施耐得（Benjamin Schneider）於 2008 年發表於《人事心理學期刊》（*Personal Psychology*）的文章〈人力資源實踐的「為什麼」之員工歸因：它們對員工態度、行為與顧客滿意度的影響〉（Employee Attributions of the "Why" of HR Practices: Their Effects on Employee Attributions and Behaviors, and Customer Satisfaction）。文章總結了自 1940 年代以來與人力資源相關的各種文獻，並研究至少 18 個部門的連鎖超市的員工，發現員工會對人力資源部門觀感（例如把員工當作重要資產並以提升員工福祉為目標，或者把員工當成降低成本的工具）會影響員工的工作態度，並最終影響顧客滿意度。

論，只提出五個 UAP 的可能成因[14]。只要有這個未被解釋的事件樁點（也就是這份確認 UAP 存在且暫不能被解釋的報告），就不能做出「外星人不存在」或者「外星人存在」的結論。

同理，同樣是成功的企業家，某些領導者對部屬口不擇言，某些領導者則具備良好的溝通技巧，而這兩種領導風格都各有成功與失敗的案例──既然兩種方式都被確認為真，領導者對部屬的態度親切與否，就很難被放進模型當中。

在企業裡，我們必須找尋真實事件，認真探討每一個事件的真實性。有一次在某企業檢討一位工程師的六標準差專案，我從頭到尾看了一遍之後問工程師：「如果不用六標準差，你可以解決這個問題嗎？」工程師答道，「可以，因為用六標準差，只是把專案套進六標準差的程序裡。」這個事件說明了一件事，這個六標準差專案**不是真的**，因為不用六標準差也能解決──所以這個六標準差模型，無法被驗證為正確的。

最終的模型必須能解釋所有被確認為真的事件，只要有一個漏網之魚無法被解釋，整個模型就可能都是錯誤的。

---

14 詳見 ODNI 的報告《初步評估：不明空中現象》（*Preliminary Assessment: Unidentified Aerial Phenomena*）。

「薪資對員工績效的影響」

假設某間企業員工績效極差，欲使用哲學方法論解決這個問題，就需要先建構出知識空間，研究議題可以定為「薪資對員工績效的影響」。接下來就可以放入各種事件樁點：

1. 根據經驗，薪資越高，員工離職率越低。

2. 根據詹顧問 2001 年在台中長榮桂冠的經驗，員工滿意度越高，顧客滿意度也越高。

3. 微軟（Microsoft）的員工薪資一直很高，但還是在 2005 年發行了怨聲載道的 Vista 系統。

4. 宏達電（HTC）有員工配股，股價曾高漲至 1,300 台幣，但最終退出智慧型手機市場。

5. 丹・艾瑞利（Dan Ariely）一系列針對員工動機的研究顯示，金錢報償並非驅動員工的唯一原因，甚至可能不是一個特別重要的原因。

6. 霍桑實驗[15] 顯示，對工廠女工的關注能提升工作效率，改善環境則無效。

7. 許多研究顯示，員工滿意度與顧客滿意度呈正相關[16]。

必須要先儘可能完善知識空間後才能開始推論，否則就會導致根據推論來選擇性加入並歸納數據的偏誤。

---

15 哈佛大學教授喬治・埃爾頓・梅奧（George Elton Mayo）自 1927 年至 1932 年在西部電器（Western Electric）的霍桑工廠（Hawthorne Works）進行的一系列實驗。該研究本欲以調亮照明來提升工廠女工的工作效率，卻發現實際上與工作效率相關的是員工的心理狀態。詳見梅奧教授的著作《工業文明的社會問題》（*The Social Problems Of An Industrial Civilization*）。

16 可參考 IBM 商業價值研究院高階主管研究報告第十九版。

從知識空間進行推論

完成知識空間後，就可以開始對各個知識樁點進行推論。但是在進行推論之前，還需要先**精準地定義語言**。

> 「如果你想和我交談，先定義你的用語。」
>
> ——伏爾泰

在推論中，所有語言都必須被準確定義。精準的語言文字可以被解釋、產生共識，或者由基本元素衍生而來，可以用來推論更複雜的事物。在知識方法論中，我們只能使用精準的語言文字作為推論的基本用詞。

「你相信有神嗎？」在這個句子中，「神」這個用字是不精準的，這裡的神可以是廟裡的鬼魂、可以是耶穌、可以是上帝、可以是釋迦牟尼，因此每一個人定義並不相同。就算改問「你有信仰嗎？」，「信仰」這個詞也是不精準的，根本無法討論。

概念工程中的「概念」和一般習慣用法不同，是指「顧客需求或是痛點的解決方案」。概念又分為抽象概念和具體概念，這時候就必須解釋什麼是抽象？什麼是具體？又或是在策略管理中，什麼是「價值」？什麼是「商業機會」？這些語言必須被準確定義，才能準確建構可執行的模型。在人力資源領域，「人格」和「心理」這兩個詞也不精準。因為人格和心理的基本元素是什麼，基本上無法被推論，所以這兩個詞彙也很難被準確定義。

在論述精實生產時，必須對及時生產（Just-in-Time，JIT）、全面生產管理（Total Productive Management，TPM）、自働化（Jidoka）、平準化、看板等詞彙進行明確定義；在戰略銷售必須解釋什麼是單一銷售目標（Single Sales Objective，SSO）、預算決策者（Economic Buying Influence）、教練（coach）；在技術六標準差中必須解釋什麼是虛無假設（H_0）、備擇假設（H_a）、整體假設（assumption）、多變量研究（Multiple Variance Study）等。**以精準的語言文字為基礎，才能準確推論出結論。**

我們先前提出的議題「薪資對員工績效的影響」的「績效」一般指員工工作成果，但「工作成果」可以指 KPI 提升、完成專案的速度、實施某個策略後對良率的改善……等等，因此不是一個精準的議題。此處進行研究的若是服務業，就可以將「績效」定義為「顧客滿意度」。

歸納推論

> 「明鏡所以昭形，古事所以知今。」
>
> ——《三國志・吳書・孫奮傳》

歸納推論從被觀察到的現象與結果進行推論。比如在台灣的道路上，可以看見每輛車都是靠右行駛，因此可以推論台灣應該是靠右行駛的。又或者你參觀一間台灣的企業時，不會看見小學生在做苦工，因此可以推論台灣的勞基法應該有相關法規禁止兒童工作。

使用歸納推論時，必須注意兩個陷阱——「幻想性錯覺」（apophenia）與「因果謬誤」（Causal Fallacy）。幻想性錯覺為人們將不相關的兩個事件連結的傾向，比如認為用手指月亮的話，耳朵就會受傷。因果謬誤則是錯誤歸因。因果謬誤的其中一種，「倒果為因」（Reverse Causation），即是將結果錯認為原因，比如認為有錢人都開豪車，因此想要變得有錢就得先買台豪車。錯把兩個相關事件的其中一個當作事件發生的原因也是一種謬誤，比如因為「冰淇淋銷量與溺水事件呈正相關」，就推論「冰淇淋吃多了會溺水」，事實上只是夏天吃冰與玩水的人數都增加。若將前述「薪資對員工績效的影響」的第 3 個與第 4 個事件樁點錯誤歸納，也會得出「給員工薪資越高，產品越差」的錯誤推論。

歷程

透過研究各項工具的發展過程，可以更瞭解要如何正確地使用它。探索每一個議題的歷程至關重要，如此才能瞭解過去的人們已經做了什麼努力和思考，讓我們可以站在前人的肩膀上前行。

精實生產源自於豐田生產系統（Toyota Production System，TPS），而豐田生產系統則源自豐田喜一郎和大野耐一的想法，他們的初始概念是拉動，而非 5S[17]或目視化。研究過整個豐田生產系統的發展史後，才會知道精實生產的核心是拉動，不是工廠大掃除——深入探究歷史，就可以清楚知道這一點。

六標準差這個名稱來自比爾・史密斯（Bill Smith）[18]在摩托羅拉（Motorola）時訂下的目標。史密斯認為，如果摩托羅拉的新產品毛利要增加 50%，不良率就必須降低至 3.4 ppm[19]（也就是 4.5 個標準差）；但是長期製程會偏移 1.5 個標準差，史密斯便把把六標準差訂為目標（圖 2-3）。由此可知，六標準差最開始的目標並非六標準差，而是毛利增加 50%。

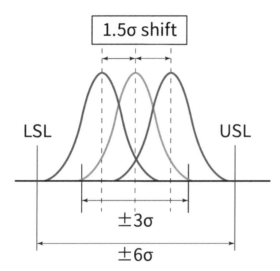

圖 2-3 ｜　六標準差的來源。若新產品毛利要增加 50%，新產品不良率就不能高於 3.4 ppm，而 3.4 ppm 就是 4.5 個標準差，加上預估長期偏移 1.5 個標準差，就是六標準差。

17　整理（SEIRI）：將要與不要的東西分開，然後將不要的丟棄。整頓（SEITON）：將要用的東西井然有序、一目了然地放置在容易取用的地方。清掃（SEISO）：定期打掃，保持清潔。清潔（SEIKETSU）：維持整理整頓清掃 3S 的成果。修養（SHITSUKE）：養成遵守規定事項的紀律與習慣。

18　比爾・史密斯於 1986 年首次提出六標準差的概念，當時他任職於摩托羅拉，為移動式無線電（Land Mobile）部門副總裁暨資深品保經理。

19　parts per million，百萬分點濃度，定義為百萬分之一。

六標準差的創建，是借用美國學界科學方法論（Science Methodology）的路徑，加上統計描述和推論製程工程的狀況及變化；之後在聯合訊號（Allied Signal）經過賴瑞‧包西迪（Larry Bossidy）的催化而延伸到其他領域，最終在奇異（General Electric，GE）[20]被發揚光大。後來，有六標準差教父之稱的邁可‧哈利（Mikel Harry）試圖把六標準差稱為一種文化、一種管理方式，但這種擴大六標準差管理範圍的做法，並沒有得到預期成效，沒有企業因此成功。因此，六標準差最好還是作為一種提升製造品質的方法，而非管理方法。透過瞭解六標準差的歷史進程，可以讓我們看清真相。

策略管理的歷程也很重要，策略（strategy）原來是戰爭名詞，應該翻譯成「戰略」，在 1960 年代被企業管理學界引入。從阿爾弗雷德‧錢德勒（Alfred D. Chandler Jr.）、伊格爾‧安索夫（Harry Igor Ansoff）、肯尼斯‧安德魯斯（Kenneth R. Andrews），一直到後來的百花齊放，以及麥可‧波特（Michael Eugene Porter）的出現，都可以看到策略管理學派的發展和演變。掌握這個脈絡就可以知道今天的策略管理為何是如此。

在先前所述的「薪資對員工績效的影響」案例中，可以從第 3 至第 5 點歸納推論「員工的績效與金錢並無直接關係」；從第 2 點與第 7 點則可以歸納出「員工滿意度與顧客滿意度呈正相關」。注意此處兩者只是呈正相關，並非代表兩者有直接的因果關係，若要推論出因果關係，則需要進行演繹推論。

演繹推論

演繹推論從原理或原因推論到結果。比如前往新加坡前，讀過新加坡的交通法規，或者知道新加坡被英國殖民過，就可以推論當地是右駕。又如你在瀏覽各企業的網站時，若看見某間企業提供完善的保險且免費提供下午茶，就可以推論該企業的福利應該不錯。當然僅憑稀少的資料無法做出正確的演繹推論，因此才需要在推論前先建立完善的知識空間。

---

20 奇異（General Electric，GE）是源自美國的跨國綜合企業，經營產業包括電子工業、能源、運輸工業、航空航天、醫療與金融服務。奇異資融（General Electric Capital）為其子公司。

基本元素

　　進行演繹推論時，必須儘可能從基本元素開始推論。在西元前 1600～1700 年的《艾德溫·史密斯紙草文稿》（*Edwin Smith Papyrus*）上記錄了印何闐（Imhotep）對癌症（腫瘤）的描述以及他的治療方法──「沒有治療方法」。到了 19 世紀，癌症的主要治療方式為以外科手術切除腫瘤。至 2011 年，瑞士癌症研究所（The Swiss Institute for Experimental Cancer Research，ISREC）和加州大學舊金山分校的道格拉斯·哈納漢（Douglas Hanahan）教授以及麻省理工學院的羅伯特·阿倫·溫伯格（Robert A. Weinberg）教授建立的「癌症的特徵」（Hallmarks of Cancer）（圖 2-4），則已在細胞凋亡、血管生成、細胞能量調節異常的層級[21]。在 19 世紀，癌症的基本元素是腫瘤，如今的基本元素則是細胞、基因、分子、甚至能量，因此如今的癌症治療才會比過去有效，因為研究從更小的基本元素來推論、假設、驗證，並建立模型。

---

21 Douglas Hanahan and Robert A Weinberg, Hallmarks of cancer: the next generation, *Cell*, 2011

圖 2-4 ｜　　　癌症的特徵（Hallmarks of Cancer）。

「正獲之問於監市履狶也，每下愈況。」

——《莊子·知北遊》[22]

　　在進行任何的知識研究前，我們都必須先找出關於這項知識，已知的基本元素為何。《三字經》開篇第一句：「人之初，性本善。」白話翻譯大約是：「人出生的時候，天性是善良的。」——這個看似簡單的句子藏著兩個推論瑕疵。

　　第一個推論瑕疵是「天性」。在這句話當中，天性被視為一個基本元素，但若它是一個基本元素，這個元素指的是什麼？天性的定義並不存在清楚一致的解釋。若以現代科學的角度解釋，或許會清楚一點：天性可以指「大腦的運作特性」，這個描述就比模稜兩可的天性好。

　　若天性指的是「大腦的運作特性」，大腦又是什麼？我們同樣可以用現代科學的角度來進行分析：大腦是神經細胞的集合體，天性指的應該就是這些神經細胞的運作特性。神經細胞的運作原理包括刺激、反應、電訊號、化學訊號及運作大腦的能量頻率等。由此可見，天性並不能被視為一個基本元素。或許在《三字經》被創作的年代，天性是一個基本元素沒錯，但是在科學（相較於宋朝）發達的今日，天性絕對稱不上是一個基本元素。

　　第二個推論瑕疵是「性本善」。人之初真的性本善嗎？人類的天性究竟為善還是為惡，有任何研究能夠證實嗎？其實有，但是事情遠比想像得複雜！某些研究證明，人類在處罰他人時，大腦的愉悅系統會產生反應[23]；某些研究則發現，看到同類痛苦，人類的鏡像神經元以及其他神經網絡皆會讓我們產生疼痛的同理心[24]。

22　東郭子詢問莊子何謂「道」時，莊子以螻蟻、稊稗、磚瓦、屎溺回答，東郭子不解「道」為何在如此低微卑下之處，莊子遂以判斷豬隻肥瘦為例解釋——豬的小腿最不易長肉，因此此處肉越多代表豬隻越肥。換言之，研究豬隻肥瘦要從豬隻下部，同理，研究「道」也須從低微卑下處始。

23　參見 Dominique J.-F. de Quervain et al, The neural basis of altruistic punishment, *Science*, 2004.

24　參考 Singer et al, Empathy for pain involves the affective but not sensory components of pain, *Science*, 2004 以及 G.D. Scott, Pictures of pain: their contribution to the neuroscience of empathy, *Brain*, 2015 等等研究。

因為正反兩方的研究同時存在，關於人之初到底是性本善或本惡，終究是沒有定論的——妄加推論性本善，可被視作是一種反智的行為。因此，我們如果讓孩子背誦《三字經》，就可以讓孩子反智，成為無法辨別知識正確與否的人。

在物理學的範疇，熱讓分子產生振動，但熱是什麼？熱不是最基本元素，而是一種現象。那麼，在這個現象中，最基本的元素是什麼呢？熱會讓分子產生震動，而讓物理產生熱的核心元素是光子；光子讓分子運動，進而產生聲子（Phonon），而聲子讓其他物體運動，這是現代物理學的解釋。由此我們可以知道——光子和聲子是現在已知的最基本元素，熱不是。

前面提到六標準差方法論是為了要解決品質議題，從已知的最基本元素來看，品質問題來自**能量在物質中的運動和預期不符**，能量是基本粒子中的力載子，是已知不可分割的元素，這裡的物質是指基本粒子、原子、分子、高分子……一直到更大的物質。從越微觀的尺度來解決品質議題，效果就會越好。

因果律

演繹推論能找出基本元素之間的因果律，因果律連結著基本元素與結果，越難理解的事物，因果律越複雜。大多數情況都是許多的原因帶來了許多結果，因此要理出頭緒比想像中困難。

例如在開始推動精實生產時，許多企業會從 5S 著手。但是 5S 能否帶來生產效益的提升？這當中的因果律推斷是極為複雜的。在工廠中，生產效益的損失可能來自許多因素，包括機器故障、品質不良重工，以及找尋材料所耗費的時間等。未推動 5S 所引發的損失，可能是作業員為了找尋工具而造成的效益損失。這種情況在一般量產產品的生產線幾乎不存在，在機械組裝業則可能性會發生；即便這個問題真的發生，損失的效益和其他的損失相比也是微不足道的。因此，根據因果律推論，大費周章推動 5S 所帶來的效益提升可能並不划算。

「人並不是透過眼睛觀看，而是透過大腦觀看；大腦有著眾多不同的系統，用以分析眼睛獲取的訊號。」

——奧立佛・薩克斯（*Oliver Sacks*）[25]

在視覺研究中，視覺皮質損壞但眼睛和視神經沒有問題的患者，只看得見動態物件，看不見靜態物件[26]。許多研究顯示，視覺運作時，從視覺皮質提取的訊號多過由視網膜進入的訊號[27]；而且視覺神經傳入大腦的是電訊號，並非影像。因此可以推論，我們所見到的世界是在大腦視丘造影的虛擬世界，而非真實的外部世界。只要用許多已被驗證的研究和已被確認為真的事件，就可以完成推論。

25 著名醫生、神經學家、暢銷作家以及紐約大學醫學院教授，曾被紐約時報評價為「醫學界的桂冠詩人」。引述內容詳見其著作《幻覺》（*Hallucinations*）。

26 詳見哈佛醫學院、普林斯頓大學與多個國家各個機構的共同研究。Acaro et al, Psychophysical and neuroimaging responses to moving stimuli in a patient with the Riddoch phenomenon due to bilateral visual cortex lesions, *Neuropsychologia*, 2018.

27 視網膜神經節細胞軸突形成視神經（optic nerve），將視覺訊息送往外側膝狀體（lateral geniculate nucleus，LGN）以及上丘（superior colliculus）。其中外側膝狀體接收的訊息中，僅有約 5～20% 來自視網膜，其餘則是來自皮質與腦幹。相關內容可參考視丘與視覺的相關綜述，比如芝加哥大學神經生物學院教授 S・莫瑞・謝爾曼（S. Murray Sherman）2007 年發表之綜述。Sherman, The thalamus is more than just a relay, *Current Opinion in Neurobiology*, 2007.

建立假設

　　建立假設前，必須整合不同領域的事件樁點進行推論，建立一個可以解釋所有事件樁點的假設。在整合各個事件樁點時，很可能會發現「斷鍊環節」，也就是無法連結的事件樁點或者互相矛盾的事件樁點。這時候就需要繼續找尋更多相關研究與事件來解釋這些事件樁點。

　　斷鍊環節其實非常常見，端粒的研究便是其中一個。端粒是影響老化的關鍵，每一次細胞分裂，端粒都會縮短，最終導致細胞老化。端粒酶則透過在染色體的末端加上端粒 DNA 鹼基序列（TTAGGG）來延長端粒。2009 年，伊莉莎白・布雷克（Elizabeth Blackburn）因其在端粒與端粒酶方面的研究貢獻獲頒諾貝爾生理醫學獎[28]。布雷克在 2004 年發表於《美國國家科學院院刊》（*Proceedings of the National Academy of Sciences of the United States of America*，PNAS）的研究顯示「壓力透過調節細胞老化影響健康」[29]。該研究納入照顧健康小孩的母親（控制組）與照顧長期生病的小孩的母親（照顧組），請她們評估自己的壓力，再研究她們的端粒長度與端粒酶活性。有趣的是，研究人員預測照顧組有較大環境壓力，也就是客觀壓力，但控制組與照顧組的端粒長度和端粒酶活性都沒有顯著差異，與端粒長度呈現顯著相關的是主觀壓力，也就是她們自己評估自己的壓力程度。進一步比較主觀壓力最大（高壓組）與主觀壓力最小（低壓組）的兩組母親，在控制照顧小孩的時長、BMI 與其他條件接近的情況下，高壓組的母親們的淋巴細胞比低壓組的老化了 9 至 17 歲。然而在這個研究中，為何「自認壓力大」會讓這些母親的端粒長度縮短且端粒酶活性下降卻是未被解釋的，這就是所謂「斷鍊環節」。

　　再次回顧「薪資對員工績效的影響」這個議題，第 1 點，根據經驗，薪資越高，員工離職率越低，但第 5 點又表明金錢不能讓你的員工更認真工作，那麼為何金錢只能留住員工，卻不能讓員工認真工作呢？這個問題就需要納入不同領域的知識——腦科學來解釋。

28　當年共同獲獎的還有約翰・霍普金斯大學的卡蘿・格萊德（Carol W. Greider）教授與哈佛大學的傑克・索斯塔克（Jack W. Szostak）教授。

　29　Epel et al, Accelerated telomere shortening in response to life stress, *PNAS*, 2002.

　　1954 年，加拿大麥基爾大學（McGill University）的詹姆斯·奧爾茲（James Olds）與彼得·米爾納（Peter Milner）在老鼠的大腦植入電極，並將老鼠放入史金納箱（Skinner Box）[30]，當老鼠按下箱中的反應槓桿，電擊即刺激老鼠腦部的特定區域（圖 2-5）。實驗發現，為了刺激伏隔核（Nucleus accumbens，NAcc）、外側下視丘區（lateral hypothalamus）及周遭位置[31]，有些老鼠能在飢餓狀態忽略一旁的食物，持續按壓反應槓桿；有些老鼠能每小時按壓反應槓桿 200～5,000 次；有些老鼠甚至能持續每小時按壓 2,000 次的頻率 24 小時 [32, 33]。後續研究顯示伏隔核與報償有關，活化該區域能刺激多巴胺分泌，產生愉悅的感覺，該區域也與藥物成癮有關[34]。

　　以人類為實驗對象時不能直接在受試者大腦插入一個電極，看他們會不會餓著肚子持續按壓某個鈕來刺激自己的伏隔核，不過 2012 年哈佛大學的研究運用功能性磁振造影（Functional Magnetic Resonance Imaging，fMRI）研究自我揭露（self-disclosure）對人類是否是獎勵性的。該研究發現，相較於評論他人的意見（歐巴馬有多喜歡冬季運動如滑雪？），表達自己的意見（你有多喜歡冬季運動如滑雪？）更能刺激伏隔核的活化；為了表達自己的意見，人們甚至願意放棄一些金錢獎勵[35]。

　　簡單地總結，腦科學研究顯示，比起吃飼料，老鼠寧可餓肚子，直接刺激腦部報償的區塊；比起金錢報償，人類寧可選擇表達自己的意見來刺

30　哈佛大學心理學教授伯爾赫斯·法雷迪·史金納（Burrhus Frederic Skinner）在 1938 年設計用於老鼠制約操作（operant conditioning）的實驗箱，老鼠按下箱內反應槓桿則可以得到刺激（如食物或水）。

31　1956 年奧爾茲的研究稱被刺激的腦區域為中隔核區（Septal area），後續研究認為電極其實是刺激了伏隔核與周遭區域，詳情請參考文獻綜述 Berridge and Kringelbach, Pleasure systems in the brain, *Neuron*, 2015.

32　Olds and Milner, Positive reinforcement produced by electrical stimulation of septal area and other regions of rat brain, *Journal of Comparative and Physiological Psychology*, 1954.

33　Olds, Pleasure centers in the brain, *Scientific American*, 1956.

34　參考相關文獻綜述，如 Chiara et al, Dopamine and the drug addiction: the nucleus accumbens shellconnection, *Neuropharmacology*, 2004.

35　Tamir and Mitchell, Disclosing information about the self is intrinsically rewarding, *PNAS*, 2012.

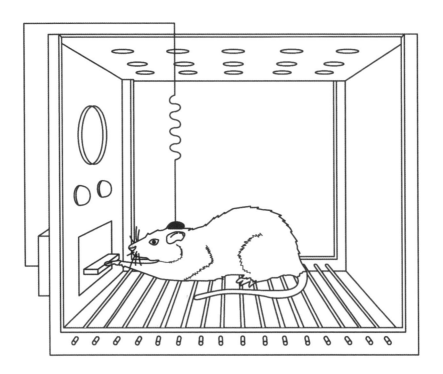

圖 2-5 |　　在史金納箱中準備按下反應槓桿的老鼠。

激伏隔核。由此可推論，工作若是不令人愉快（員工滿意度不高），又怎麼能期望員工能僅因為薪水就廢寢忘食或至少在上班時間盡力做事。至此，對於「薪資對員工績效的影響」這個議題，我們可以先做出一個簡單的假設「高薪只能留住員工，若要提升員工績效，必須要讓這份工作是愉快的」。假設若要成立，必須要能解釋所有事件樁點，比如我們不能假設「金錢對員工毫無影響」，因為這個假設無法包含第 1 個事件樁點「薪資越高，員工離職率越低」。

　　整合各領域的研究，才能連結並整合不同事件事件樁點，進行合理推論。

實驗與驗證

　　2019 年，洋誠國際要從西班牙進口能讓嬰兒頭型變圓的頭枕，但是需要先確認圓的頭型的是否能在認知方面對嬰兒帶來正面的影響。早在 2000 年即有回顧性（retrospective）研究顯示，近 40% 的有扁平的（短頭畸形，brachycephaly）或歪斜的（位置性歪頭症，positional plagiocephaly）頭型（圖 2-6）的兒童在小學需要教育方面或發展方面的特殊協助；相較之下，其頭型正常的手足中只有 7.7% 需要相同類型的特殊協助[36]。

　　上述研究還不能驗證「畸形（非圓形）頭型影響孩童認知發展」這個假設，因為該研究沒有對兒童進行認知能力測試。我們只能推論，嬰兒的頭型影響到的應該是皮質區的形狀，而圓頭型的皮質區較符合常模，因此圓的頭型應該能讓認知發展更好。在 2019 年，多個研究機構聯合發表的針對兒童認知發展與頭型的研究才驗證了這個假設。

　　該前瞻性隊列研究納入西雅圖 336 個嬰兒[37]，讓兒科醫師評估嬰兒的頭型形變（deformation）程度，再以差異能力量表（Differential Ability Scales，DAS）和魏氏兒童智力量表（Wechsler Individual Achievement Test）評估這些嬰兒在成長至七歲或以上時的認知功能。經過人口統計學

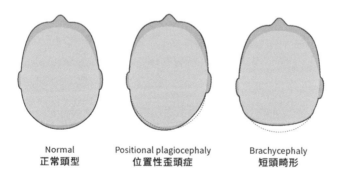

Normal
正常頭型

Positional plagiocephaly
位置性歪頭症

Brachycephaly
短頭畸形

圖 2-6 ｜　　正常嬰兒頭型與畸形嬰兒頭型。

36　Miller and Clarren, Long-term developmental outcomes in patients with deformational plagiocephaly, *Pediatrics*, 2000.

　37　此處人數並非最終實驗人數，實驗期間有部分受試者退出。

特徵校正後，該研究結果顯示，相較於有正常頭型的孩童，非正常頭型的孩童在兩項認知測試的表現都顯著較差；此外，相較於頭型形變較輕微的孩童，頭型形變較嚴重的孩童在認知功能上的差異和頭型正常的孩童更大[38]。

經此研究驗證，我們才能確認「較圓的頭型能在認知方面對嬰兒帶來正面的影響」這個假設錯誤的機率不高。當然這個假設還是存在斷鏈環節，因為兒童頭型影響大腦神經發展的機制尚未被確認。

只要有足夠證據能夠合理的推論出假設，並有適當研究可支持此假設，便可以著手建立模型，在企業中，研究不足導致無法推論時，能夠以實驗設計法（Design of Experiment，DOE）補足，但生活中還是有許多存在斷鏈環節的假設與研究。

普羅大眾在周遭有人生病時，經常會為生病的對象祈禱，在家祈禱祖先保佑或到廟裡求神問佛都是十分普遍的現象。2006 年，一個臨床研究納入美國六家醫院 1,800 名將進行心臟繞道手術的患者，並將之隨機分為三組以研究代禱（intercession，替他人祈禱）對術後併發症的影響[39]：

1. 被告知可能會有代禱，且確實有代禱
2. 被告知可能會有代禱，但沒有代禱
3. 被告知一定會有代禱，且確實有代禱

這項多中心的隨機臨床試驗顯示，沒有接受代禱（第二組）或不確定是否有人替自己祈禱（第一組）的患者在術後有併發症的機率沒有顯著差異。出乎研究人員意外的是，相較於另外兩組患者，第三組患者（被告知一定會有代禱，且確實有代禱）有顯著較高的術後併發症相對風險（relative risk，RR）。值得一提的是，「接受代禱且知道有人替自己祈禱」這個因素的相對風險（RR=1.27）小幅高於「年齡」的相對風險

---

38 Collett et al, Cognitive outcomes and positional plagiocephaly, *Pediatrics*, 2019.

39 Benson et al, Study of the Therapeutic Effects of Intercessory Prayer (STEP) in cardiac bypass patients: A multicenter randomized trial of uncertainty and certainty of receiving intercessory prayer, *American Heart Journal*, 2006.

（RR=1.04）。此方面研究結果大多沒有一致性[40]，且祈禱與術後併發症風險相關的原因尚無合理推論或假設（沒有因果律連結），因此「祈禱對術後康復是否有幫助」這個議題在現階段是很難建立模型的。

　　建立了假設後，需要進行實驗並驗證這個假設，才能進一步建立模型。有了「高薪只能留住員工，若要提升員工績效，必須要讓這份工作是**愉快的**」這個假設，就可以嘗試不同方法來創造一個愉快的工作環境，提升員工滿意度，驗證員工滿意度是否有相應提升。若某間企業的員工滿意度確實提高，員工績效卻沒有大幅上升，便可以拒絕這個假設，再次進行研究與推論，找尋與提高員工績效有關的其他方法。比如前述丹・艾瑞利的一系列實驗便表明了「工作有意義」能提升效率（或反之，「工作沒有意義」會降低效率），因此可以假設「高薪只能留住員工，若要提升員工績效，必須要讓這份工作是**愉快且有意義**的」，如此不斷驗證，最終就能試著建立一個包含了許多因素，能提升員工績效的模型。

40　此研究結果與 1999 年在美國堪薩斯城美中心臟研究所（Mid America Heart Institute, Kansas City）的研究結果不一致。該研究納入 990 名心臟加護病房（coronary care unit）的患者，只有代禱組與控制組，兩組患者都對於代禱不知情。研究結果顯示代禱組患者的術後狀況較佳。詳見 Harris et al, A randomized, controlled trial of the effects of remote, intercessory prayer on outcomes in patients admitted to the coronary care unit, *Archives of Internal Medicine*, 1999.

建立模型

最後要將所有資料整合成可操作、並且可以透過操作得到預設目標的模型。系統模型能夠組合所有知識，讓知識不再零碎；更重要的是，建立系統模型之後，知識才能被用來預測未來、運用以及重複運用。

例如「高薪只能留住員工，若要提升員工績效，必須要讓這份工作是愉快且有意義的」的模型就可以包含，如何讓工作環境輕鬆愉快、如何確保員工的工作內容有意義……等等內容。

以精實生產為例，基本元素是每一個員工的動作是否為有效益的產出。所謂的有效益產出，則是指作業產生的產品可以最及時出貨。因此，在評估每項任務時都必須回到基本元素的層面，評量這個行為是否真有產生價值。

透過歷程研究，我們會發現過去豐田汽車和諸多其他汽車製造廠的確因為推動豐田生產系統而提升效益，其他產業也有不少成功案例，這些都是成功事件。但是在兩岸和日本，卻有更多推動精實生產或豐田生產系統後效益不彰的失敗事件。例如日本東芝電器在推動豐田生產系統之後，依然存在龐大的庫存和浪費。

回溯歷程研究，當詹姆斯・沃馬克（James Womack）與丹尼爾・瓊斯（Daniel Jones）開始研究豐田生產系統，並將之發展為精實生產時，美國製造業已經式微，因此即便是美國最具權威的精實企業研究所，講義中也幾乎看不到「少量多樣」、大規模生產的製造業教學範例，多數案例都是針對汽車製造及零組件相關產業以及服務業、物流業等的研究。

豐田喜一郎和大野耐一把及時生產和拉動視為豐田生產系統最重要的議題，但是與其他製造業相比，豐田汽車的產品樣式非常少，每個工廠大約只生產五個汽車平台，所以豐田汽車所採用的是循環看板拉動[41]。這樣的設計完全無法用於產品樣式百種以上的工廠，何況生產上千甚至上萬種產品樣式的工廠。

41　意即工廠所使用之看板是可以重複使用的。因為豐田汽車每個工廠生產的汽車種類較少，所以可以重複使用看板，但在台灣，許多工廠生產模式皆為少量多樣，因此不適用這類型的看板。

想要導入及時生產系統還有一個很大的限制，那就是生產排程軟體。兩岸的企業資源整合系統（Enterprise Resource Planning，ERP）絕大多數是以物料需求計劃（Material Requirements Planning，MRP）為邏輯排定生產排程，及時生產系統必須為每家企業客製化生產排程軟體，這是個困難的挑戰。所以多數企業根本無法推動豐田生產系統中最關鍵的及時生產。

因此，想要建立有效的精實生產系統，就必須重新設計及時生產方式，尤其少量多樣加上大量生產的工廠，必須設計訂單看板而非豐田的循環看板，並且從訂單看板的數據決定第二階段的工程改善重點，最後甚至可以走進低成本智慧製造。必須用這些因果律進行推論，重新設計精實生產模型。

模型設計完成之後，我們開始在炬將科技（機械板金加工）運用，之後在茂順工業（油封工廠）、美的電器（家電製造和組裝）、美的壓縮機（壓縮機製造和組裝）、拓凱實業（碳纖網球拍製造和組裝）、華泰鞋業（製鞋工廠）、本土企業（金屬加工）、徠通科技（工具機組裝）、中美生醫（製藥工廠）……等超過 50 家工廠推行，每一家都快速的降低庫存、縮短交貨週期、降低生產成本。如此，就可以確認這個模型大致有效，雖然還有調整空間，但是基本上已經可以確保運用此模型能達成目標。

在人力資源領域，從歷程可以瞭解早年的人力資源發展以心理學為基礎，1970 年代出現的工作職能更是主導人力資源領域多年。其他人力資源運用的知識還有性向測驗、訓練相關理論等。可惜這些以歸納法為主，沒有基本元素可用，因為人格、工作職能這些語言文字都是不精準的。2005 年之後開始有人將大腦神經科學引入人力資源管理，大腦神經科學擁有人類運作的基本元素，語言文字也很精準，被驗證的研究和被確認為真的事件更是汗牛充棟。如此，就有機會建立一個可以操作的模型，以精準地進行招募、領導、訓練，以及績效管理（選、用、育、留）。

哲學方法論是建立和檢視經營系統知識的方法，有了這個方法，我們就像完善了攀登和野營裝備的登山者，可以踏上尋找終極經營知識的旅程了。

3

從精實生產到
低成本智慧製造

試想一座工廠，有上百個交期不定的供應商，或者有十萬多副模具，又或者總是接到極度少量多樣的訂單……這些商業模式都與豐田汽車的「市場拉動」、「多量少樣」，以及「循環看板」差異甚遠！也是因此，許多企業才無法成功使用豐田的方式拉動，落實看板使用，而是只能在 5S 打轉。

那麼若是有六種拉動方法、九種看板，與六種庫存呢？因應兩岸企業生態的拉動模式，會如何提升企業績效？本章不僅會解答這些疑問，還會說明為何推動了精實生產後，低成本智慧製造就也能輕易被推動了。

接下來，讓我們來看看幾個簡單的小問題，以釐清大眾長年以來對精實生產的刻板印象：

1. 推動精實生產時，可能會如何處理廠內容器？
    a. 儘量全部標準化，買新容器
    b. 把容器從大至小排列後重新分配使用
    c. 把容器賣掉
    d. 以上皆是

2. 以精實為本推動自動化，可能會發生以下哪些情況？
    a. 買入新機械手臂
    b. 發現有閒置的自動搬運車（Automated Guided Vehicle，AGV）
    c. 設備成本折舊低於人工成本
    d. 以上皆是

3. 使用 U 型線可能會發生以下哪些情況？
    a. 主管可站在單點觀察整條線生產狀況
    b. 產品體積太大導致進出線混亂
    c. 鄰近作業員可互相幫忙
    d. 以上皆是

以上三題的答案皆為 d. 以上皆是，若您好奇為何是這樣的答案，本章將會為您解答。

　　早在 2010 年時，我就經常聽聞精實生產（Lean）和豐田生產系統（Toyota Production System，TPS），但是我一直不知道那是什麼，也不瞭解這些工具是否有效。我的朋友張宗令博士提供 SBTI[1] 的精實生產講義供我參閱，並且告訴我，精實生產是一些小型生產工具的組合，有一些還蠻好用的。

　　我開始找尋精實生產的資源，首先要拜讀的當然是美國麻省理工學院（Massachusetts Institute of Technology，MIT）兩位研究教授詹姆斯·沃馬克（James Womack）與丹尼爾·瓊斯（Daniel Jones）的著名經典書籍《精實革命》（Lean Thinking）。這本書說明了精實生產的五個程序──價值、價值流、暢流、拉動、完善。但書上很少提到製造業的案例，或許是因為本書於 1996 年撰寫，當時美國的製造業已經衰退了，所以兩位教授在書中所撰寫之案例皆以物流業為主。

　　這本書無法讓我按圖索驥，認真看完還是對精實生產一竅不通，我就繼續往精實生產的前身──豐田生產系統研究。豐田生產系統由豐田喜一郎和大野耐一開創，沃馬克與瓊斯在 1985 年到日本研究豐田生產系統之後，才整合成為精實生產[2]。大野耐一還有許多書籍流傳，算是豐田生產系統的第一手資料。

> **「像汽車生產這種綜合工業，最好把每個必需要的零部件，非常準時地集中到裝配線上，工人每天只做必要的數量。」**
>
> ──豐田喜一郎

　　大野耐一在他的書《豐田生產方式》提到，豐田生產系統的關鍵是及時生產（Just-in-Time，JIT），然後用自働化支持及時生產。及時生產是和 MRP 截然不同的生產排程方式，相對於 MRP 把物料需求整合，及時生產把物料需求按訂單分開，只在需要的時後才啟動生產。這樣的方式看

1　Sigma Breakthrough Technologies Inc.，美國知名六標準差顧問輔導公司。

2　在兩人合著的書《改變世界的機器》（*The Machine that Changed the World*）中首次出現精實生產（Lean）一詞。

起來最合理，事實上卻充滿不可行的陷阱。

後來我又找到由沃馬克所建立的美國精實企業體學院（Lean Enterprise Institute，LEI）[3]出版的六套精實系列書籍，算是精實生產的聖經，由及時生產的拉動方法開始，詳細說明每一個執行細節。除了這些，我大概把台灣書店裡其他精實生產和豐田生產方式的相關書籍都讀完了，結論是，跟瞎子摸象一樣，好像知道又好像不知道大象長怎樣，最重要的是不知道該如何著手精實生產。

我持續研究已經推動精實生產的企業。

一個在海爾電器任職的朋友說，海爾推動兩年的及時生產以失敗做收。有一家台商在山東的工廠推動半年的精實生產，但是顧問師只是教導5S，老闆決定不做了。

電子業普遍認為的及時生產就是把大量庫存放在供應商工廠，中心廠隨時需要就要供應商送來；甚至放在中心工廠的倉庫，中心廠拿來用才計算費用。更多台灣廠商在推動一到兩年的精實生產或是豐田生產系統之後，依然有眾多庫存和長交期，成本降低也不明顯。

我問一個在華為任職的友人，在華為導入豐田生產系統時，他正好是導入的負責人之一。華為委請的是日本最好的豐田生產系統顧問公司，內部的顧問都是大野耐一的徒弟。我邀約他吃飯並請教，他告訴我，他也不知道豐田生產系統怎麼做，每天都是由日本顧問告訴他們該做什麼。

前期的研究讓我大惑不解，精實生產到底是什麼？精實生產有效嗎？答案都還在五里霧之中。我問許多人，沒有人知道精實生產是否有用，但是整個精實生產和豐田生產系統卻在華人企業中推動得沸沸揚揚，真是奇怪。

我需要精實生產顧問的協助，所以找炬將科技林原正總經理協助，我們找到台灣推動精實生產知名的顧問單位的知名顧問，在 2010 年 9 月 2 日，我們一起向這位顧問學習精實生產。結果什麼也沒學到，我認為顧問教導的內容根本無法協助炬將科技。

3　精實企業體學院（Lean Enterprise Institute，LEI），總部設於美國麻州布魯克萊恩（Brookline），為一非營利為主的教育、研究組織，致力於將「精實化領域的知識」，編成可供實習的手冊，並將此套知識在全球各地傳授。

及時生產系統

從炬將科技開始的精實革命

我告訴原正，從大野耐一和美國精實企業體學院的書中所讀到的精實生產並非如此，書中提到的及時生產系統看起來應該有用，我們何不試試？

炬將科技是一家製造工具機外箱的板金工廠（這類型工廠全都不大），2010 年營收小於一億台幣（圖 3-1）。炬將科技交貨週期和同業相近，接到訂單到出貨需要七週以上的時間，工作現場堆滿半成品（在製品）。

圖 3-1 | 　　炬將科技現場。

　　我和原正討論如何推動及時生產，我們設計的想法是，接到顧客訂單後先將訂單拆解後展成製令，將拆解的製令依序排在焊接工程，把焊接工程作為基準節拍點[4]，如此，所有焊接工人的工作都會被排滿。然後從焊接工程發出看板（Kanban，生產訊號卡），用焊接工程的需求拉動雷射切割和折床。如此一來，焊接產能會排滿，雷射切割和折床的所有工作都是為了焊接而做，不會有順序錯誤，導致互相等待或過度生產的問題。

　　雖然大野耐一和美國精實企業體學院都有提出及時生產的做法，但是我們沒有看到實際上或書上有任何案例這麼做，因為豐田汽車是市場拉動，直接用訂單生產，並沒有運用基準節拍點作為排單點；美國精實研究所的案例是汽車產業的後視鏡工廠，每天都是重複的訂單，不像炬將科技，少量多樣，而且每一張訂單都有可能是唯一一次訂單。簡單的說，雖然及時生產理論如此，但是像炬將科技這類的工廠在全世界沒有人推動及時生產。

　　為什麼會沒人這麼做？這是因為豐田生產系統的教父企業豐田公司是汽車產業，汽車產業是屬於市場拉動而非訂單拉動，也就是說豐田汽車的訂單是依據最終市場的消費者買了什麼汽車，豐田才決定要生產什麼汽車。但是炬將科技和多數台灣企業是接受外銷訂單或 B2B[5] 訂單，屬於訂單拉動而非市場拉動，所以豐田汽車的拉動方法，並不適用於多數台灣企業。

　　其次是汽車產業的生產品項不多，豐田汽車每一個工廠頂多生產五個汽車平台，雖然一輛汽車有許多零件，但是共用零件很多，因此豐田汽車的拉動生產屬於循環看板拉動。而炬將科技的每一張訂單都不同，根本沒有共用零件，所以必須採用一次性訂單看板。因為這些因素，所以炬將科技的及時生產拉動系統雖然用了豐田生產系統和即時生產的原理，但可能沒有工廠這麼做過。

　　原正和我決定放手一搏，就試試看，有問題再改回來吧。

　　我們試行了幾週，沒想到效果超乎預期，交貨週期從七週縮短成一至

4　一般設置在製程最後一個連續流的起點。

　5　Business-to-business，企業對企業的商業交易，買方和賣方皆不是消費者。

二週，超過 60% 的半成品消失了，現場在製品都是兩週內預計交貨的訂單，效率大幅提升，成本也顯著下降。這樣的改善讓原正可以接到更多訂單，營收和獲利都持續成長。之後原正接到不同產業訂單，甚至接到日本代工訂單，已經是後話了。

精實生產，是活下去的門票

炬將科技總經理　林原正

我在 28 歲時被迫提早接班，突如其來的任務讓我措手不及。當時我在工廠負責設計與廠務，看到板金工廠傳統的運作模式，沒生意的時候沒事做，接到大單時人力與產能卻沒辦法負荷。為應付訂單，工廠毫無章法的生產方式導致大量庫存堆積，工作現場堆滿半成品，交期平均在 7 週以上，這些都是同業的常態（這些庫存在 2008 年金融海嘯時，全變成了廢鐵）。這就是台灣多數板金工廠規模只能達到一定程度的原因，若要突破成長，就要解決現有的問題。這也是我在接班後面臨的最大課題。

2006 年，我踏入詹志輝顧問的教室，從策略地圖開始規劃公司整體經營方向，接著導入技術六標準差、戰略銷售與精實生產拉動等系統工具。像炬將科技這樣少量多樣、每張訂單都可能絕無僅有的工廠，全世界沒有人像我一樣導入精實生產拉動。我把這段精實生產的歷程分成了三個階段。

第一階段：Whole

我過去完全沒有接觸過精實生

產，便從價值、價值流、推動與拉動及完善開始學。與客戶訪談後發現，客戶訂單是有順序的。因此我們首先將訂單根據客戶端組裝工序拆成製令下單，並將一次性交貨改為分批交貨，和客戶一起找出快速組裝的最佳生產方式。

一開始把焊接工程做為基準節拍點。如此一來，焊接產能會排滿，雷射切割和折床所有的工作都是為了焊接而做。修正後不到半年，交期從原本的 45 天瞬間縮短成 21 天。

第二階段：Part

　　為了更貼合客戶需求，我開始思考細部的調整。原先的節拍點設置在焊接，卻也同時限制了產能。我跟詹顧問討論後，把製程拆解得更細，再與供應商訪談確認交貨日程，然後把節拍點從焊接移到折床。折床外包非常困難，但外包焊接是有可能的，配合供應商交期，儘量將產能發揮到最大。我們再次成功把交期從 21 天縮短至 14 天，工廠效率提升，庫存大幅下降60%。客戶下訂單後才開始拉動生產，完全不用承擔多生產的壓力，客戶端也不用再額外存放板金庫存。

　　能在一年內達成如此優秀的成績，全都歸功於精實生產拉動工具。業界想要做到和我們一樣的量，就必須投入更多的人力和設備，而我們卻完全沒有增加任何資源成本。此外，我們甚至和客戶共同舉辦聯合發表會，把這些年來的成果分享給板金同業學習。

第三階段：Whole

　　到了第三階段，我們想透過精實生產將交期縮得更短。為此，我們將訂單拆解得更細以去看訂單生產週期，再制定規則，諸如生產到節拍點後多久要出貨，且節拍點不生產的東西，就必須切斷不投料。

　　接著炬將結合資訊化，運用數據精準算出各拆解訂單的製作周期，並訂定排單規則，每個製程如何做連續流，再依照行業屬性計算節拍點。我們現在已經可以達成10 天交貨含噴漆。2021 年，原本屬產業淡季的 2 月，訂單卻創下30 年來的新高。

　　找到了最佳生產方式以後，我們現在將更著重精度與品質的改善問題。

　　台灣大多數板金加工業都靠自己摸索，腳踏實地做工，但現在台灣板金加工廠要面對的挑戰絕非台灣自己人，而是來自震盪不止、千變萬化的全球市場。過去 3、40年來辛苦經營的一代企業主、開始準備接手的二代接班人，都感受到市場需求及生態的巨變。一個人關起門來、單打獨鬥的日子已不足以推動企業向前，接下來該是與夥伴攜手合作的時候了。

　　為了板金產業的未來，我認為應該與最瞭解板金業的對手，公開對話、交流切磋、互相督促，發展競合關係，才能開創出前所未見的板金加工格局。我希望能將炬將多年的成果與同業分享，於是創辦了台灣板金經營協會。

全球有板金製造的國家不多，包括德國、瑞士、日本、泰國等，台灣的競爭力絕對在前五名，很適合發展整體產業品牌。現在板金生態多數是拿著一張訂單到處比價，若能夠透過精實生產讓產業更具競爭力，就能共享共榮。

接下來，炬將會朝第四階段前進，更深化精實生產，實現資訊自動化、低成本智慧製造。

炬將科技股份有限公司

成立時間	2003 年
主要業務	工具機外箱機外箱製製造
資 本 額	3,680 萬元
員工人數	80 人
董 事 長	林張阿葉
營業收入 （2020 年）	2 億元

元貝實業的拉式排單

炬將科技實行及時生產的拉動系統獲得成功讓我不禁思考，是否其他產業別的工廠也能推動及時生產系統呢？2011 年 9 月 20 日，我和紫通企管的林秀蓁顧問一起在元貝實業導入及時生產系統。

元貝實業是台灣最大的包裝手工具工廠，元貝只有少數零件自製，其他都是向供應商購買，然後回到元貝工廠內部進行組裝（圖 3-2）。元貝實業的交貨週期大約 75 天，工廠內也是堆滿半成品。在炬將科技，多數零件在工廠自製，所以可以順利拉動，但是元貝實業的零件幾乎都來自供應商，有些供應商交期根本不可控，這樣型態的企業可以執行及時生產嗎？

我的規劃是把基準節拍點設在組裝，顧客訂單進到元貝後就把訂單排在組裝工序，然後從組裝發出零件看板給供應商生產或是給倉管領庫存，如果供應商無法及時供應就要更改交期，如果庫存不足就必須立即向供應商採購。這個規劃看似簡單，但與元貝原來的作業方式完全不同，因此，來來回回和生產管理討論很多次，後來生管還是很無法理解，只好由紫通企管長期派員協助生產管理的安排。

推行之後效果很快就產生了，生管跟採購每一天都緊張地追蹤原物料，以前根本不用管原物料有來或沒來，現在組裝已經被預先排定上線日期，就必須確保所有原物料需要準時在上線日前抵達。不到六個月，在庫存稍減的狀況下，交貨週期由平均 75 天降到 25 天，成為包裝手工具業交期最短的公司，不僅達到了客戶滿意的交期，銷售單位也經常接到短交期急單，因為其他競爭者無法如此迅速交貨。

元貝實業利用基準節拍點的設置，降低交貨週期，達到了庫存可控的初期目標，有效地減緩供應商帶來的不穩定影響，然後再進一步的將改善推動到前線供應商，達到與供應商雙贏的局面。（在第一期的精實生產，為了降低供應商的不穩定，零件庫存設置點是在整個零件完成後；在第二期的精實生產，元貝實業儘量把庫存設置成小批量庫存或是調節庫存，並把庫存點更提前，以期在維持相同的交期下可以庫存量更低。）

這兩個案例都很有意思，我們都只在工廠推動及時生產的拉動和看板，**只改變工廠的生管排單方式，就得到超乎預期的成效**。為什麼以前沒

圖 3-2 | 　　　元貝實業現場。

人想到要這麼做呢？

　　我想，這有兩個原因，第一個原因是，台灣的工廠多年來都採用 MRP 合併物料的推式排單方式，大家已經養成習慣，所有知識和經驗都是推式排單。第二個重要原因是，所有工廠的排單軟體都是推式排單，沒有軟體支持，要執行拉動排單幾乎是不可能的。而炬將科技和元貝實業都是年營收 5 億台幣以內的小型工廠，我們可以用手工完成拉式排單，不必寫電腦軟體，所以這兩家可以成功。

　　為什麼沒有顧問要協助企業這麼做呢？因為這樣做真的蠻困難的，導入 5S、目視化管理、全面生產管理（Total Productive Management，TPM），甚至生產單元改善都簡單容易許多，而且不需改變生管排程和排單軟體，省時省事，讓顧問可以安全下車、拿錢走人。如果要導入及時生產系統，將會困難重重，違反習慣、違反直覺、缺乏相關知識經驗、無軟體可用，拿一樣的顧問費當然不要為自己橫生事端。

品項多交期短，精實生產的關鍵密碼

元貝實業執行副總　游英玉

主打一站購足，
交期卻始終無法縮短

2011 年時，我還是業務經理，在與客戶談訂單時，常一邊說明公司一站購足的優勢，一邊擔心成品交期過長。多種成品無法一次性準時出貨，一方面導致客戶必須找競爭對手補庫存，另一方面，分批出貨也導致多餘運費負擔。種種問題甚至導致客戶質疑元貝既然無法控管交期，是否也無法控管品質。

導入詹志輝顧問的精實生產前，工廠的傳統觀念是將未來一週甚至下週的訂單合併生產。這樣一天只能生產少樣品項的做法雖然能減少換線次數，卻浪費過多工時且造成成品庫存太多且久置。對於元貝這樣訂單品項多樣的公司，每張訂單都包含多種成品，併單生產會嚴重影響交期。

我們首先以拉式生產取代訂單合併生產，接著就必須降低供應商風險。元貝一個零件的不同製程會發包給不同供應商，供應商多加上製程多，導致供應商交期問題會顯著反映在元貝的交期。一開始，我

們只能將給供應商的訂單排序，並將庫存設在只差幾道工序（如烤漆或組裝）就成完成的步驟，但是這樣的方法雖能保證出貨時間，卻因為庫存量而增加成本，因此我們接著重新審視近幾年的訂單，並預估各項產品一年的產量。有了預估生產量之後，我們將庫存較後的工序往前挪，並由採購把關該站庫存量，因此降低庫存、穩定交期、省下分批出貨的空運費。

推行約半年後，交貨週期就從平均 75 天降到 25 天，元貝和客戶都少了 50 天的庫存量，且客戶

也不需那麼早下單,客戶滿意度提升,現金流也因為提早出貨而優化,達到雙贏。此外,過往因為交期而時常有客戶轉單給競爭者的情況,如今因為我們的交期短,反而經常接到急單或小量的單。

穩健了產業優勢後,我們決定於 2015 年在豐洲工業區建置新廠與自動倉儲,以放置因為廠商要求的 MOQ(Minimum Order Quantity,最少下單數量)而必須暫放的庫存;另一方面也增加了加工設備,拉高自製零件的比例、協助客戶快速的打樣,也可以在廠商來不及供應時救火。加上我們有精實生產拉式排單的經驗,更能滿足多樣化需求的客戶,不斷再創佳績。

精實生產導入的這十年,元貝奠定了在業界的優勢。我們在名片及官方網站上都主打 25 天交期的承諾,不僅滿足客戶一站購足的需求,也是在業界品項最多、交期最短的企業。

元貝實業股份有限公司

成立時間	1979 年
主要業務	手工具製造業
資 本 額	2,700 萬元
員工人數	90 人
董 事 長	游陳秀滿

鋼鐵廠也能 JIT 嗎？

在元貝實業之後，我接到一張麻煩的訂單，湖北新冶鋼鐵廠的精實生產。新冶鋼鐵廠的前身是中國第一家鋼鐵廠漢陽鋼鐵廠，後來改名漢冶萍鋼鐵廠，我在高中歷史課本讀過這個名詞，興建者是張之洞，第一任總經理是盛宣懷，都是歷史課本上的人。新冶鋼廠不小，廠內有火車行駛，還有一座歷史名山——西塞山。

我要改善的產線有一台 850 軋鋼機，這台軋鋼機是德商克魯伯（ThyssenKrupp）製造，二戰時被蘇聯搶奪回國，在中國大煉鋼時期又贈送給中國。整個工廠富有歷史故事。

但是問題來了，炬將科技和元貝實業都是由基準節拍點向前製程進行多零件和材料拉動，新冶鋼鐵廠的前後製程都是長長的煉鋼設備，從投料開始就是推式生產，這樣的工廠能用拉式生產嗎？

我帶著徒弟陳宥翔顧問前往執行，多數時間由宥翔駐地在現場。我發現新冶鋼鐵廠還是可以進行及時生產，因為新冶鋼鐵廠製程很齊全，從高爐、熱軋、冷軋、熱處理全製程都有，在產線之間有龐大的半成品庫存。新冶鋼鐵廠有三種訂單，分別是熱處理後產品、冷軋產品和熱軋產品。因此，排單方法可以是從訂單拉動熱處理，從熱處理和訂單拉動冷軋，以及從熱處理、冷軋和訂單拉動熱軋。如此一來，三段製程之間就不會有無效的半成品庫存；而且透過看板拉動，就不會有無效批量過多的問題。

及時生產和拉動在新冶鋼鐵廠還是產生效益了，一軋廠的達交率從 60% 提升到 82%，一軋廠主要軋機月產能從 50,804 噸提升到 63,000 噸。各類庫存降低 20～40% 不等。唯一讓我覺得遺憾的是，這些成果是宥翔在工廠時協助完成，雖然新冶鋼鐵廠有一位優秀的生管主管理解拉式排單的精髓，但在我們離開之後，生管主管是否能在其他單位的壓力之下維持下去，我表示擔心。

新冶鋼鐵廠成功了，雖然不像炬將科技和元貝實業，新冶鋼鐵廠的成效或許無法在顧問離開後持續下去，但是這個專案項目證明鋼鐵廠也可以運用及時生產改善交貨週期和庫存。新冶鋼鐵廠還讓我理解一件事，如果及時生產要長期發揮成果，需要把拉式排單用制度或軟體固化，依賴個人的經驗不容易維持拉式排單的形式和效益。

課本外的案例，茂順密封元件

至 2013 年，我不斷累積及時生產成功和失敗的案例，成功案例來自經營者或生產管理主管對及時生產和拉式排單的理解，失敗案例來自工廠內沒人參透及時生產和 MRP 排單方式的不同。

茂順密封元件是台灣最大的油封製造商，產品用於汽車、工業、空油壓和農建礦等（圖 3-3）。茂順已經和我合作多年（自 2009 年至今），我們從六標準差開始合作，當時茂順苦於產品品質不穩定，我們便開始進行品質改善，現在已經有長期穩定的產品品質。解決了品質議題，茂順另外要面對的是多樣少量的訂單，每月平均有 6,000 張訂單，光模具就有 10 萬付，生產換線多，加上很多製程。原先的生產方式都是孤島生產，透過各站主管自行掌握排程、負荷報表、管理 KPI 來處理交期。現場人員認為減少換線的大批量生產才有效率；當時茂順的訂單一直成長，如果遇到急單或插單，都是依照現況排程，即使是前面的製程只要在最後出貨交期前移到下製程就沒事，管理者也無法清楚是產能不足還是物流問題；現場人員則認為是機台不足，導致產能不佳，現場總是有堆滿線邊倉，交期依然很長。

總結，茂順當時遇到的問題是半成品庫存太多、交期太長、供應商交期無法掌握、製造成本太高。我和石銘耀總經理認為可以嘗試精實生產，看看是否能改善這些問題。茂順首先要消除這種功能間的諸多「孤島」，就要把每個孤島串起來成為連續流，並能推動其改善。當時精實生產這個專案，是由生產管理石銘賀經理擔任，我要求他要從整個產品系列的價值流來瞭解；因為若要跟循一個產品系列的價值流，需要跨越公司內的組織藩籬。而公司往往按部門或功能來組織，不是按產品系列產生價值的流程，所以在整個組織中是需要一個人對整個價值流負責的。

2013 年 9 月 27 日茂順密封元件正式推動精實生產，從第一天我們就遇到困難。推動及時生產系統的第一個步驟必須先訂定產線的基準節拍點，教科書上對基準節拍點的定義是「生產線上最後一個連續流的起點」。茂順的最後一個連續流是油封組裝，已經走到產線最後 5% 的路程，如果把組裝作為基準節拍點往前製程拉動，整個拉動系統勢必會過於複雜。基準節拍點的原則是前拉後推，如果把基準節拍點前移，推動部分

圖 3-3 ｜ 茂順密封元件現況。

就會太多，引起製程混亂。沒有任何書本告訴我們會發生這種狀況，更不用說告訴我們怎麼解決，所以，我們都陷入困境。

我們足足思考了一天，最後做出一個精妙的設計（圖 3-4）。首先把基準節拍點設在製程前段的加硫製程，因為加硫是茂順的生產瓶頸站，把基準節拍點設置在加硫前的三合一備料製程，從加硫製程發出三張看板，分別是鐵殼、膠料和模具，因為鐵殼供應商交期極不穩定，所以等待鐵殼供應商交貨時馬上按順序排上加硫產線。如此可以控制鐵殼和膠料過度生產，也保持了鐵殼交期不穩定的對應。加硫完畢之後已經完成加硫的零件用先進先出的推式生產，之後，那些訂單的零件完整推動抵達組裝前就進入組裝，完成訂單。

這是課本上前所未見的大膽設計，沒有人知道對或錯。石銘賀經理多年來為了排程焦頭爛額，現在有一種看起來可行的方法，就決定放手一搏。

結果出乎意料之外，茂順的產品品項超過 10 萬種，每一種都乖乖排隊進入產線，不再有多餘的鐵殼和膠料，每一個產品加硫都是最及時需要的，先進先出的推動也異常順暢。雖然因為供應商交期不穩定，無法讓精實生產發揮全效，但是在製品庫存還是減少了 50%，儲位更是降了 70%，讓工廠空出大片空間，放置半成品的容器大量閒置，也不會因為生產過多的膠料，產線無法消耗導致膠料過期或有斷料的情況發生，過期膠料從每月 100 筆，降低為 0 筆。

更神奇的是生產效率大幅提升，人均產值增加 15%，成本顯著下降。在 2016 年台灣推動一例一休時，茂順因為精實生產發揮效益讓成本沒有提升，所以沒有向顧客要求漲價。在以往低價的同業不得不漲價的情況下，讓茂順獲得不少顧客從競爭者轉移過來的訂單。

茂順的及時生產推動過程不是一蹴可幾的順利，相反的，推動中遇到各種難題。銘賀一開始就掌握了及時生產的核心訣竅，因此可以掌握原則，一路解決所有問題。現在（2022 年），及時生產系統已經是茂順的生產排程原則，穩固堅實不可動搖。

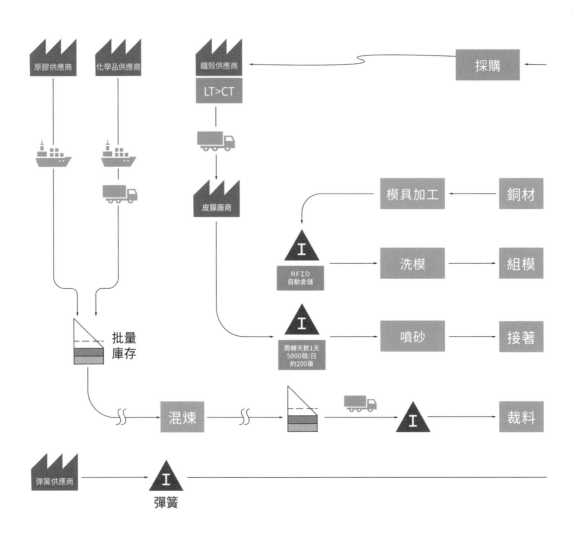

圖 3-4 | 茂順價值流圖。為保護茂順密封元件機密，價值流圖中資訊已大量
刪減或改動。

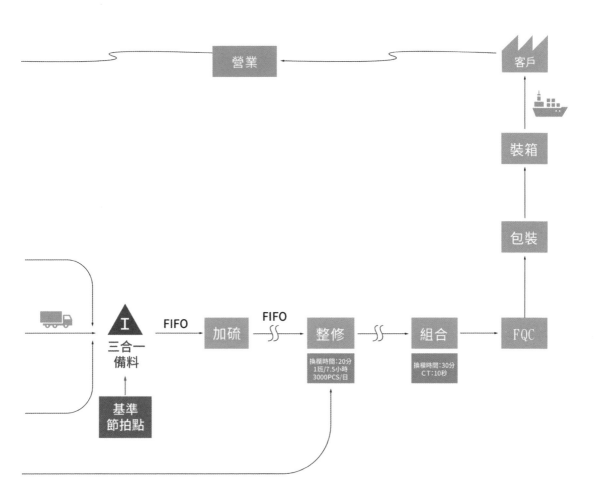

| 精實為本，LCIM 的最後一哩路 |

茂順密封元件生管部經理　石銘賀

製造部經理　黃豪偉

　　試想一下，若是工廠擁有 10 萬付以上的模具，每個月約有 6 千張來自世界各地的訂單，你會怎麼管理工廠呢？

　　這不是個假設題，而是我在擔任生管部經理時面臨的真實情況。多樣、少量的訂單，製程多、換線也多；茂順當時與其他製造業一樣，全是仰賴生管的個人經驗來管理現場，產線各站自行掌握排程，並用 KPI 管理交期，現場毫無章法。雖說若只是單純看結果，看是否能夠交貨，或許沒有問題；但若從生產過程來看，排程、交期、庫存、人力安排⋯⋯等，問題多到無法掌握。因為孤島生產會產生大量線邊倉，不管交期好不好，工廠裡總是堆滿東西。

　　2013 年，我們決定導入精實生產。在詹志輝顧問的帶領之下，團隊同仁們學習運用精實生產拉動。先規劃價值流程圖，並決定基準節拍點，節拍點前以拉式生產，節拍點後以推式生產，並在下單時就決定排程。

　　理論看似簡單，卻讓我們在設計節拍點時吃足苦頭，就在眾人絞盡腦汁之際，詹老師提出了一個精妙的設計。由於過去生產過程的瓶頸點是「加硫」，便將基準節拍點設置在加硫前的三合一備料製程。

　　精實拉動所帶來的全新觀念，很快就在工廠內部推展開來，並帶來極佳成效。過期的膠料數量從每月 100 筆降低為 0 筆——因為夏天膠料不會過期，得以現產現用，大幅降低了成本及不良率。工廠儲位減少 70%，現場不再需要照看排程的人員，省去確認時間，也降低了管理壓力。

　　此外，之前因為組長不想浪費

換線時間，大批量生產的庫存降低了 50%，騰出的空間能給其他產線運用，產能增加 10%。在沒有增加人力及費用的情況下，以最小資源達到最高產值，有效減少浪費。

隨著精實生產觀念深根，我們的思維邏輯也逐漸轉變，發現這是與過去完全不同的生產觀念，精實是引導我們作整體的改善，而非只有單點。雖然理論與現場實務常常衝突，中間也必須面臨非常多的挑戰，但詹老師也告訴我們，要把自己定位成一位價值流經理，而不是單純管理製程的生管，才能從整個價值流程的角度，進行全面的改善。

多數製造業的目標都是實現自動化生產，縮短產品研發製作周期、降低成本、提高生產效率和產品品質，進而獲得整體效益。然而，橫在面前的最大阻礙是：工廠本身的條件是否符合自動化生產？

歷經詹老師的指導與工廠生產流程的改變，我們發現運用精實生產精簡廠內製程、整頓不必要的浪費、訂定規則並以標準化作業，就

能把產線的資源發揮到最佳。建立良好基礎，確實降低成本，就能把自動化發揮到最好。所以我們認為精實生產，正是實現 LCIM（Low Cost Intelligent Manufacturing，低成本智慧製造）的基石。

推行精實生產轉瞬十年，自動化生產環境漸趨成熟，低成本智慧製造之路已然展開。如今，我們開始投入自動化設備的應用，目前在油封生產的其中一段製程，已利用機器手臂與無人搬運車取代人力，不僅工作效率提升，更能免除勞動風險，降低人力的管理與培訓成本。

茂順密封元件 科技股份有限公司	
成立時間	1976 年
主要業務	工具機外箱機外箱製製造
股票代碼	9942
資 本 額	8 億 3,160 萬元
員工人數	1,500 人
董 事 長	石正復
營業收入 （2021 年）	38.6 億元

天才小品，越南華泰鞋業

2015 年 3 月 27 日我在台中開了一場精實生產一天的課程，這天我只是大略介紹拉動的精神。華泰鞋業的 Jimmy 特別從越南搭機返台聽這堂課程。製鞋工廠可以用及時生產嗎？從來沒有鞋業曾經嘗試過（鞋業有很多自稱的精實生產，不過通常都把看板解釋成巨大的電子看板）。製鞋工廠在現場會堆滿材料，確保員工隨時有材料可以用。品牌商需求往往是變動且急迫的，因此現場常保有有半成品可以加快交貨速度；另一種常見的半成品，是因為不願意換型體或是尺寸而造成面底不配套的半成品，華泰鞋業當時的半成品以後者為多數。

Jimmy 回到越南之後開始試著推動及時生產，沒有電腦系統支援下，全部用實體紙看板，每天要注塑什麼鞋款，就從最終注塑發出看板到前製程拉動結梆、一個月之後就發現兩單位半成品降低 75%，效率提高 50% 以上，700 prs/d 的線在一個月內增加到 1,000 prs/d，在三個月內增加到 1,200 prs/d ，工人跟工時都不變，工廠的半成品庫存一下子就消失殆盡，整個工廠乾乾淨淨，當時省下的空間應該有 500 平方公尺以上，大約半年至一年左右，縫製也一起進入拉動，大約再過了半年裁切也拉動了（圖 3-5）。

　圖 3-5｜　華泰鞋業工廠現況。

排單人員的工作量大減，因前後製程連通形成連續流後，很多重複的工作就消失了，交貨週期也變快。及時生產的另一個好處是，因為材料流動順暢，沒有工作人員因為找料、更換排程或等待材料而中斷工作，也不會增加整理庫存的工作，也不需要在客戶拜訪或驗廠時，把東西藏起來再搬出來⋯⋯等整理工作，因此工作效率大幅提高，整體成本因而下降。

2018 年年初我問 Jimmy 推動及時生產之後獲利有提升嗎？他說，「推動精實生產之前的年營收跟 2017 年差不多，但是稅後淨利提高約 3 倍以上。」這樣的獲利率已經超越鞋業代工長期的獲利王豐泰鞋業了。

直至目前 2021 年，發料到進成品倉約 10 天 ，2015 年改善前，當時是 30 天以上。長期以來，鞋業代工廠一直將工廠移往人力成本低的國家，事實上，如果可以妥善推動及時生產，就有機會在原地就能獲得更好的獲利。

｜精實生產，重塑產業競爭力的必備技能 ｜

華泰越南實業有限公司副總經理　劉建明

2008 年以副總經理一職至越南廠接班，當時廠房管理制度混亂且毫無規則，會計帳目與實際財務對不上，廠商重複請款，現金流緊縮，連員工的薪水都岌岌可危。在我接任後，便決定先從辦公室管理開始整頓。

從管理面調整制度後，營運有所改善，我遂開始著手整頓工廠。當時，即使帳面上顯示訂單已出貨，真實的情況卻是每次貨品都無法準時生產，缺漏的部分都是放入次級品或是其他品項湊數，若數量不齊也是事後再去海關更改申報單上的數量。這些所謂製鞋廠的「常規操作」，其實是為了解決 MRP 或滾動生產造成的生產混亂。這也是我在推動精實生產後才想通的事情，身為高階管理者，很難察覺到這些問題。

為了改善工廠現況，我開始從網路和書籍中找方法。一開始用限制理論（Theory of Constraints，TOC）[6]，雖然確實找到了工廠許多的問題點，但是無法解決問題。於是我開始自學精實生產暢流，做了很多單點改善，雖提升單點效率，卻還是無法改善工廠的整體效益。

直到有次戈爾公司（W. L. Gore & Associates）[7]邀請詹志輝老師為所有鞋廠的供應商上課，我才

6　由管理學家伊利雅胡‧高德拉特（Eliyahu M. Goldratt）所提出，認為系統是由眾多複雜的人與設備所組成，當中隱含某些變數，會限制或阻礙系統達成更高的目標。

　7　事業涵蓋紡織、醫療、電子等領域，以開發防水透氣的 Gore-Tex 面料聞名。

有機會認識詹老師，並開始追蹤老師的部落格文章自學。2015 年，詹老師針對所有經營工具開了一系列的公開班，我在看到資訊後立刻報名，每個月特別從越南搭機返台，就是為了上詹老師的課程。

透過詹老師精實生產的課程，我才有了整體拉動的概念。其中比較重要的變革方向是前後站連續流的設計，也就是將孤島（工序）合成一個大島，減少看板數，否則排單與找料的人員都會非常辛苦。看板減少後，便要求有看板才能生產，東西一定要有看板跟著。將製程串成連續流後，就能把以前很多單站的在製品量降低，解決製程混亂與廠內塞滿在製品的問題。

課後我迫不及待回越南開始重新規劃價值流圖，推動拉動生產。當時第一線的員工非常有感，因為每天要注塑什麼鞋款，都是從最終注塑發出看板到前製程拉動，大大改善了效率。因為材料流動順暢，工作人員不必再為了找料、更換排程或等待材料而中斷作業，因此效率大幅提高，整體成本也因此下降。

在精實生產推動一個月後，我就發現兩單位整合使半成品降低75%，效率提高了 50% 以上，原先每日生產 700 雙的產線，產量提升至每日 1,000 雙，三個月內甚至增加到日產量 1,200 雙。在員工人數不減的情況下，工時大幅下降，過去需要加班至晚上 9 點，如今傍晚 6 點就能準時下班，甚至有時下午 4 點就能完成原本的工作量。

此外，精實生產的另一個好處是，在持續推動精實生產半年後，原本佔庫存約 1、200 平方公尺的進口鞋墊，改由華泰自己生產，並做到每天交貨，逐步實現鞋墊零庫存的目標；工廠不再存放多餘庫存，省下的空間將近 500 平方公尺。不僅如此，我們在財務面上也交出漂亮的成績單，加班費減少，成本下降，利潤又比往年大幅提升，稅後淨利相較過去提高三倍以上。於是我們決定降價給當時最大的客戶，並因此爭取到了更多的訂單。

這樣的效益也擴及到我們的供應商上。當時鞋廠的物料印刷外包商交期不穩定，我和現場組長一同前往印刷廠，協助他們找出問題點，透過排單拉動及調整人員編排問題，就使產能大幅提升，每日交貨的成品數量增加了 2～3 倍。同時，我們也與客戶協調，每天根據我們的拉動基準節拍點交貨，實現鞋墊接近零庫存。

同為二代接班的我，給接班人的建議是：你要先學會精實生產。你不僅會強烈感受到它帶來的效益，更能重塑工廠的競爭力。雖然施行上並不容易，除了需要時間之外，你必須深入現場，同時也會遭遇許多難題及內部的反彈，但你必須堅持並徹底執行。若不導入精實生產，就只能被動地接受原有模式，直到競爭力落後，被市場取代、淹沒。

華泰越南實業有限公司

成立時間	2004 年
主要業務	製鞋業
資 本 額	1 億 2,800 萬元（2004）至 3 億 9,500 萬元（2012後）
員工人數	2,500 人
董 事 長	劉文治
營業收入	21 億 6,900 萬元（2004）至 32 億 1,000 萬元（2022）

可以拉動多大的企業？美的電器

2013 年年底，採用訂單看板的及時生產方式已經在好幾家企業推動成功，而且財務效益得到顯著成長。但是除了新冶鋼鐵廠，這些企業的年營收不超過 30 億台幣，基本上都是中小企業。及時生產可以運用在大型企業嗎？

美的電器 2013 年的年營收達 1,210 億人民幣，在中國大陸市場中，家用空調、空調壓縮機、電飯煲（煮飯電鍋）、微波爐……等家用電器市佔第一，擁有超過 30 個大型製造工廠，是中國家電大廠，這麼大的規模可以採用及時生產系統嗎？

2014 年 3 月 5 日，我向美的電器介紹及時生產，時任空調工廠製造的副總經理李國林，感到有興趣，他是位願意接受新觀念和挑戰的人，他認為這或許是美的工廠的變革機會。空調工廠是美的電器最大的工廠，因此，李國林製造副總經理的決定會影響集團與其他工廠投入的意向（圖 3-6）。

圖 **3-6** | 美的集團 2018 年在深圳的精實生產公開班實況，圖中最遠處持麥克風者為美的集團副總裁李國林。

　　整個美的集團及時生產的推動由沈清葉女士負責協調整合，先由七個工廠組成聯合小組開始推動。七個工廠中有一個工廠已經有及時生產的經驗，是空調壓縮機工廠。美的電器的空調壓縮機工廠是全球最大空調壓縮機工廠，當年年產就超過 4,200 萬台空調壓縮機，全球市場占比超過 25%；空調壓縮機工廠製造總經理劉銀虎，大家稱呼他虎哥，非常積極任事、勇於挑戰，他全力支持及時生產改善的專案項目。當時壓縮機生產管理負責人是丘苑娟女士，她有及時生產的經驗，對客戶需求、工廠資源、供應商資源都很熟悉，就成為負責此一專案項目的不二人選。

　　美的空調壓縮機廠早期已有用看板在進行生產管理，但不懂什麼叫拉動，所以效果也就一般，當時庫存還是比較多的；跟著學習精實生產之後，確定了雙基準節拍點，第一個基準節拍點是在壓縮機總成組裝，由組裝發送看板到前製程的定子、轉子、各精密加工零部件產線，因定子產線是瓶頸，在淡季前要進行庫存儲備，所以確定了第二個基準節拍點是定子，由定子發送看板到前製程的高沖產線。優化後半年內達成顯著的效益，庫存和生產週期都減少 20% 以上。

　　後來把這種拉動模式再向供應商延伸，採購的價值最高、體積最大的關鍵物料，都從原來按每天交貨時程，改善縮減到按每 4 小時交貨（工廠是 24 小時生產的），大大減少了材料庫存和占地面積，整體交期從 2014 年的 10 天，到 2020 年時已經縮短至 5 天（同行競爭對手的交期現在還是 10 天左右），工廠空出大量空間。基本上昨天生產的零組件可以在當日下午三點之前用掉，整個工廠流動順暢快速。對這麼大規模的工廠，成效非常驚人。交期的大幅度縮減和庫存降低，成為企業的核心競爭力之一，於 2020 年，市佔率從原先 2014 年的 25% 提升到 40%。

　　再來是美的微波爐工廠，是全球最大微波爐生產工廠，一條龍的生產線，從磁控管、沖壓、主機板都是自行製造。微波爐工廠的基準節拍點也是設在組裝，由組裝拉動磁控管、沖壓和主機板等前製程材料。由於微波爐品項很多，有外銷的少量多樣產品，也有內銷的多量少樣產品。在開始執行及時生產之後整個產線看板滿天飛，異常混亂。專案項目負責人鄧遠寧組織進行了多產線匹配，讓物料的流動變得有次序規則，同時召集軟體小組，緊急用 Access 開發一套排程和看板列印系統。之後開始順暢運作，交期和庫存都大降 50%，材料和費用之外的人工成本降低 25%。

　　雖然第一波七個工廠中，只有兩到三個工廠取得顯著成效，但是這樣的成果就足夠激勵其他工廠跟進，之後兩年內其他工廠也開始積極參與。很快的，空調工廠、洗衣機工廠、冰箱工廠相繼取得不錯的成效。第一波成效顯現在 2015 年的經營成效，美的電器現金流縮短 4 天，稅後淨利從 7.38% 成長到 9.17%。因為整體成本下降顯著，在價格競爭上讓競爭對手備感壓力。

　　有一次美的壓縮機的競爭對手，一位副總經理氣呼呼地找我，說美的壓縮機最近降價 15%，讓他們產生鉅額虧損，不得不關閉一個工廠。過幾天我問虎哥，幹嘛降價 15%。虎哥說：「我現在降價 15% 還有足夠利潤，競爭對手想跟上我的價格應該都會虧損，自然會退出市場。」

　　為了讓拉動可以在集團其他工廠快速複製推廣，在沈清葉女士的主導下，2014 年下半年開始，把對拉動有一定理解的成員抽調各工廠學習，成立「拉動協同組」來協助工廠進行推動，並由丘苑娟擔任組長。幾年下來，「拉動協同組」在各美的工廠中，把及時生產的觀念及方法落實並普及化，從組裝拉動的前製程與自製零部件的生產，再延伸拉動至供應方的物料與及時化交貨，結合訂單特性、產線條件和生產規則，總結出了一套實踐的步驟，統一看板後，同時把排單功能從 ERP 中分離出來，把拉動的邏輯、看板列印、物料採購與物料移動，一併寫入新的軟體，形成以訂單拉動並可即時調整聯動演算的閉環系統；創造出全球最大採用訂單拉動的及時生產工廠（豐田是市場拉動，採用循環看板）。

　　短交期、少庫存、低成本，讓美的電器的工廠經營績效大幅提升。2013 年到 2020 年間，美的電器在沒有增加新廠房面積的情況下，營業規模從人民幣 1,210 億增長到 2,857 億，各大產品均躍居行業第一、第二。

　　在美的電器開始推動及時生產時，沈清葉女士積極地和其他推動精實生產的企業交流，也請到美國精實企業體學院的華人，精實生產首席大師──趙克強博士蒞臨現場指導，趙克強博士認為這樣做是符合精實生產原理的，但是中國、日本與其他地方都沒有用訂單拉動的及時生產，甚至除了趙克強博士之外的精實生產顧問，包含富士康的專家和後來美的請的其他精實生產顧問，都認為這麼做不會成功，甚至是錯誤的，只因為史無前例。所以，我們很可能是全世界唯一用訂單拉動執行及時生產系統的團隊。

｜緊扣經營，穩固生產｜

卓智管理諮詢總經理
（前美的機電事業部精實製造首席智能製造專家）
丘苑娟

2014 年 3 月 5 號是我第一次見到詹老師，聽到詹老師的課。當時美的集團的戰略是「產品領先、全球經營、效率驅動」，而在效率這個方面，是當時制約美的集團發展的短板。美的集團的績效從集團往事業部，再層層分解至部門、模組，最後落到每一個人頭上。而集團的要求是，每年各項指標都必須要有提升，若是沒有能力去改善績效，根本無法在集團內立足。當年美的集團有三十多個工廠，工廠本身水準參差不齊，為了使各工廠統一系統性地去開展精實生產，集團抽調了七個事業部各個工廠的核心人員，參與詹老師的精實生產課程，而我正好是抽調名單中的一員。

當年 4 月，老師本是來順德輔導研發，但也抽了空去各個廠，想看看上過課以後，精實在廠內推行得如何。當時在大陸沒有拉動這個概念，美的集團各廠又產品型號繁多，在各廠人員受 TPS 影響較深，用超市拉動難以成功，讓老師有點失望。因為我們壓縮機廠的工藝流程較長，關鍵零部件又全是自製，老師在親訪我們壓縮機廠之前，本認為我們會是最難成功拉動的。

在同年 5 月 3 號，老師親自來我們現場，拿著我們容器上的看板，看完成時間與後面總裝真正的使用時間，發現這兩個時間差控制得還可以，基本上能保證今天做出來的零件在明天下午之前用掉，是有一定的拉動的邏輯在的，這才在課堂上建議大家來我們廠觀摩，讓我之後忙了兩個月，接待了二十多

批次的同事們。之後甚至成立了「拉動組」，將拉動的方法在美的集團的各廠推廣。

我們自 2005 年就有使用看板，但當時只有兩個概念，一是零件不要比總裝早太多完成，二是總裝前 9 個自製零件都要做好，對於庫存的設計和前製程各個零部件應該開始生產的時間，都是沒有具體管制的。經過詹老師調整廠內生產的各細節後，材料加半成品庫存的周轉率從 2014 年的一年周轉 60 次，改善到 2019 年的一年周轉 102 次，相當於是每 3.5 天周轉一次。拉動成功推行後，也大幅降低了生產交付週期，從 2014 年的 7～8 天，降至 2019 年的 5 天，甚至 3 天也能夠趕出來，相較之下，我們的同行基本需要 10～12 天才能交付。

按詹老師教的「先拉動再暢流」的方法，在成功拉動後，我們後續透過持續的暢流改善，將整條線的效率從每小時出 250 台，提升到 420 台。此外，原先我們一台沖床每日換料約需停工 160 分鐘，在推動快速換料後，可降至每日僅停工 20 分鐘，換模時間也從原來的近 120 分鐘改善到 40 分鐘，將沖床稼動率從 75% 提升到 92%。我們穩固了精實生產拉動的

原則後，在交付沒有問題、生產井井有序的前提下，透過線平衡的研究、快速換模的應用，以及 TPM 體系的搭建，不斷改善，甚至可以推行能源節約，達到每一年比前一年減少超過 1,000 萬人民幣能耗的目標。

其實從前在壓縮機以外的工廠，也是有推動暢流的，但是做了之後沉澱不下來，因為在生產無序的狀態下，暢流改善產生的效益是遠比不上因產供銷銜接不暢造成的損失大。所以我才認為詹老師「先拉動，再暢流」的觀念至關重要，因為穩固了生產，才有可能真正維持暢流的效果，且穩固了自己廠內的生產後，我們還能將精實生產推廣到我們的供應商。

當年我們的精實生產成功之後，供應商就跟不上我們的節奏了，且從財務上的角度來說，集團也會要求供應商每年採購價格調降。但是對供應商來說，他若沒有降低成本的方法，很可能會虧損。因此我們學習最初豐田的做法，輔導供應商推動精實生產。我們向供應商投電子看板，推動他們 JIT 回貨，讓他們按照小時級，在固定時間給我們供貨。我們的倉庫都改建為車間，僅有車間周圍一點點面積是供物料暫存幾個小時的，空出來

的空間又能夠用來增加產能。自 2017 至 2019 年，我們已經將精實生產推廣到 42 家核心供應商。

2017 年，我以集團專家的身份前往日本東芝電器考察。美芝的前身是東芝跟萬家樂合資建成的，之後萬家樂被美的收購，改名美芝，最初籌備美的壓縮機廠時，就有精實一條流（單件流）的思想，工序與工序之間的斷點較少。在我的想象中，東芝肯定有扎實的精實基礎，實際考核後，發現他們 5S 雖然做得好，但庫存量很高，且生產沒有用看板，生產計畫也沒有彈性，雖說品質管控嚴謹，但組織活力遠不如美的集團。沒有 JIT、沒有自働化、沒有圍繞著經營持續改善，效益就不會好。

如今我已經離開美的兩年多，輔導過許多家企業推行精實生產，我認為，精實生產能否推動，與工廠規模大小，其實關係不大。拉動、TPM 和快速換模，都是不花錢的。許多人誤以為要推動精實生產，就需要先將容器標準化，事實上是不用的，在拉動後，一定會讓庫存下降，在我輔導的企業中，甚至有推動精實後將多餘容器賣掉的。

精實生產究竟能不能成功推動，我總結了三個重要的因素。其一，人的素質，學習精實生產的人，一定得有幾個明白人。其二，執行力，沒有很強的執行力，是很難去推動精實生產的，因為推動過程中會遇到很多困難。其三，考核文化與機制，在日常工作中有衡量員工績效的指標，也有一致的目標，去一同提升效益，推動過程也要有機制保障，讓大家既要有壓力也要有動力。此外，若規劃工廠時，就有一條流的概念在，也比較容易推動精實生產。

詹老師的學識淵博，且無論教我們什麼，都是緊扣經營的。我們認識詹老師的所有學員，都對詹老師非常敬佩，而老師能得到我們所有人的敬重，是因為他負責到底的態度、情懷與人格魅力。詹老師帶給我們正向的影響，教會了我們要懷著感恩的心，盡自己所能，為企業，為社會，做出貢獻。真的要做好還是很不容易的，但我們一直以老師為指路明燈，牽引著我們往對的方向前行。

美的集團	
成立時間	1968 年
主要業務	家用電器製造業
員工人數	108,000 人
董 事 長	方洪波
營業收入（2021 年）	3,434 億人民幣

後續的發展

美的電器的訂單式及時生產是一個大考驗也是一個大成功，確認用精實生產發展的排單方法不管在小型企業或是大型企業都可以成功（圖3-7）。

除了美的企業的集合拉動、新冶鋼鐵廠的單一流程拉動、茂順工業的中段拉動技巧，在後續的發展中，我又遇到各式各樣不同的企業。包含中美兄弟製藥、艾姆勒車電、本土企業，這幾家企業用的是滾動式拉動；徠通科技、晶盛機械，這兩家是機械業，用複合式拉動；華菱電機、馬達電機工廠，用平行拉動。其他還有特殊的貨櫃基礎拉動和化工業批量拉動法……等。

最終，大野耐一的及時生產可以適用在我遇到的所有企業，但是每一家都必須重新思考及時生產的計劃。像是製作碳纖維球拍的拓凱實業，拉動設計就極其複雜。但是，雖然設計時極其複雜，實行及時生產之後還是大幅提升生產效益。

圖 3-7 ｜ 精實生產在美的各廠大獲成功，美的集團感念詹老師的指導，特立此板介紹詹老師的理念與理論。圖片由詹老師在美的隨手拍攝。

如何實行及時生產（Just In Time，JIT）

實行及時生產的步驟是：

(1) 選擇試行的產品與產線。

(2) 製作現狀價值流圖（Value Stream Mapping，VSM）與現狀調查。

(3) 規劃連續流，把能夠連續流的地方拉通，但是不要勉強連續流。

(4) 整體流動設計，選擇基準節拍點，只把顧客訂單下到基準節拍點，並且建立基準節拍點的排單規則，然後設計整體流動路徑。

(5) 設計庫存，滾動式庫存、時間暫置庫存、成品超市、零件／物料超市、批量庫存、調節庫存、安全庫存、緩衝庫存。

(6) 種類平準化（市場拉動時要做的規劃）。

(7) 規劃看板，設計看板運作方式與看板類型，包含生產看板、生產與配送看板、配送看板、循環看板。

(8) 準備與規劃生產要素，六定與試行前準備。

及時生產的失敗因素

在我們推動及時生產的經驗中，失敗與成功比率大約 2:1，每三家推動及時生產的企業就有兩家不會成功，算是很高的失敗率。為什麼及時生產如此困難，但也有像華泰鞋業一天的學習就能成功，是什麼因素決定及時生產的成敗呢？

及時生產失敗最常見的因素是工廠經營團隊沒有想清楚如何採用拉動排單法。多數人學習的工廠排單方法都是 MRP，MRP 會將物料整合之後再排進生產線，每天檢視訂單需求、訂單急迫性、半成品庫存狀況和產線產能，決定各製程生產哪一些產品。這樣的方法大量依賴生產管理員的經驗，有許多個人判斷空間。及時生產採用拉式排單法，是以每一張訂單為單元進行排單，不拆訂單零件合併生產，這和所有人的經驗都不同，所以，有經驗的工廠經營者很難想像一種和他以往的經驗完全不同的排單邏輯。

第二個常見的失敗因素是，要實現及時生產有許多困難。要讓每一張訂單獨立生產，會遇到的困難是，可能前製程的某些製程需要批量生產，例如沖壓，很難依照訂單需求量生產。或是有些訂單需要合併生產，減少

換線換模時間，若依照訂單生產，會浪費沖壓工時和降低生產效率。面對這些現實帶來的困擾，推動者如果對及時生產的知識和技巧不嫻熟，就無法成功。

　　第三個常見的失敗因素是，缺乏及時生產的排單軟體，像美的電器這麼龐大的工廠，如果沒有軟體支援，拉式生產是不可能成功的。

　　第四個失敗常見的因素是，顧問的誤導。豐田及時生產方式採用「市場拉動」和「循環看板」，這與大陸和台灣的企業多數採用「訂單拉動」和「一次性看板」截然不同。比如，海爾電器和美的電器的訂單模式相近，應該採用「訂單拉動」和「一次性看板」，但是海爾導入及時生產時卻採用「循環看板」，當然完全不適用且效果不彰。問題是，日籍顧問根本沒看過訂單拉動的方法，他們從豐田系統一脈相承都是採用「循環看板」，就容易誤導企業走向失敗的及時生產。

　　豐田的整體生產系統在 1950 年代就建立完畢，距今至少 60 年了，多數日籍顧問不曾經歷那一段歷程，除非他現在已經超過 90 歲。所以日籍顧問不僅不懂如何運作「訂單拉動」，甚至連「循環看板拉動」也不是很清楚，卻在兩岸指導豐田生產系統或精實生產，就會誤導許多企業。

　　2017 年美的電器收購日本東芝家電部門，丘苑娟女士到日本東芝家電的工廠發現在製品庫存堆積如山，交貨週期卻太長，於是教導東芝家電工廠實行及時生產，丘女士應該是第一個在日本教導日本人精實生產的中國人，值得驕傲。這些顯現日本企業對及時生產的陌生與誤解。

　　兩岸的顧問更慘，多數把精實生產的重點集中到單元設計和暢流改善，甚至完善（5S 和目視化）。建立及時生產系統就如同蓋房子，把整個工廠生產系統建好。5S 是維持這個系統的工作，像是蓋好房子入住之後搞衛生、清潔馬桶的工作。兩岸的顧問不會蓋房子（建立及時生產系統），只會教人清理馬桶，這是很大的誤導。單元設計比較像是設計廚房或是客廳的細部設計，問題是沒有房子的設計圖如何設計客廳呢？

　　我發現，跟這些顧問學過精實生產的人更不容易學會及時生產，這是很弔詭的事情。就這四個因素讓精實生產的及時生產系統變得難以推動，還好，有三分之一的企業還是突破障礙，善用及時生產系統大幅提升經營績效。

精實生產的 Whole-Part-Whole

第一階段 Whole

精實生產有一個重要心法，Whole-Part-Whole（整體—局部—整體）一開始推動精實生產必須建立及時生產系統，這是第一個整體（Whole）。建立及時生產系統可以穩定生產，能保持從訂單投入到產品產出的穩定性。

穩定的產線會提供重要生產資訊作為生產指標，包含成本、使用人力、效率、不良率、節拍點準時率、在製品與半成品庫存、成品庫存、原物料庫存、設備故障率等訊息，因為產線穩定，這些訊息也可以被完整蒐集。接下來所有的改善都可以用這些生產訊息來檢驗是否有成效，你可以在下一個階段再進行 5S，只要你有把握 5S 會提升以上的生產指標（不過，最好不要在這個時候立即嘗試 5S，因為生產指標通常會往目標的相反方向移動）。

開始推動及時生產的工廠一般可以降低 25～75% 的在製品與半成品庫存，交期也可以縮短 25～75%，生產效率可以提升 15～25%，各家企業的成效差異很大，但是都能達到顯著成效。

第二階段 Part

下一階段是 Part，局部改善又分成兩大部分，一部分是精實產品設計和精實產線設計，另一部分是暢流改善，暢流改善沒有先後順序，你可以從任何地方開始推展，只要你有把握，你的行動可以改善整體生產指標。

切記，一定要先執行及時生產整體改善，儘量不要從暢流改善著手。

第三階段 Whole

最後，進行局部改善後，隨時監看整體生產指標的結果，是否有反映在財務指標的回饋上。

精實產品設計

1978 年 29 歲的桑迪・芒羅（Sandy Munro）進入福特汽車公司工作，1980 年代，威廉・戴明博士（William Deming）[8]到福特汽車擔任顧問時，芒羅有機會跟隨戴明工作。1988 年，他在密歇根州特洛伊市創辦了自己的顧問公司 Munro & Associates，專注在精實產品設計的顧問工作，他最有名的一個事件是分析 BMW i3，把一台 i3 拆得乾淨，詳細分析每一個零件和組裝設計。芒羅有一個影音節目 Munro Live，2021 年 2 月 2 日那一集訪談了伊隆・馬斯克（Elon Musk）[9]，到 7 月 10 日之間累積有 8.5 萬個點閱量；感覺芒羅現在是製造業的網紅了。

2014 年 10 月 21 日，我請沈清葉幫忙把芒羅請到美的電器，教導我們精實產品設計（Lean Design），芒羅講解條理清晰、方法詳盡，讓我們學習到許多重要觀點。及時生產系統建立之後，生產效率得到顯著的提升，但是有兩個問題會產生。第一個問題是，生產效率就會停留在及時生產完成時，不會持續提升；第二個問題是，雖然整體流動改善了，但是局部流動依然效益不彰。精實產品設計即是為了改善局部流動效益。

在華菱電機和大洋電機，我看到現場作業員用很困難的手法製作馬達電機，在美的空調也看到類似的狀況。這是及時生產無法改善的事情，但是不改善就會讓生產效率不佳，而且人力無法減低。芒羅的精實產品設計可以解決這類型問題，讓產品減少零件數，並且變得容易組裝。上完芒羅的精實產品設計之後，我找當時已調任為美的生活電器總經理的李國林協助，李總一直是我的經營理論的最佳實踐者，我們就開始推動精實產品設計。

在美的生活電器負責精實產品設計的有兩個人，一個是研發副總黃兵，另一個是製造副總李勇。黃兵以電飯煲作為目標，把精實產品設計用在電飯煲產品的新平台，降低超過 30% 的零件數。如此一來，組裝工時就會大幅度縮短，而後所有平台產品都會獲得效益。李勇再次重新審視，

8　愛德華茲・戴明（W. Edwards Deming）博士是世界著名的品質管理專家，他對世界品質管理發展做出的卓越貢獻享譽全球。

9　伊隆・馬斯克（Elon Musk）特斯拉汽車執行長、SpaceX 創始人。

如何改變產品設計才能讓現場更容易組裝。

易組裝帶來兩個成效，一個是作業員容易操作，可以提升生產效率；另一個是，易組裝也會降低操作錯誤率，提升生產品質。如此完成零件數少、容易組裝、不易錯裝的產品設計，讓電飯煲的製造成本下降、獲利能力上升，讓生活電器在電飯煲品項進可攻、退可守，可以增加獲利，也可以削價競爭，在市場上立於不敗之地。這是及時生產做不到的事情，降低零件成本、作業人力和作業成本，這個成果也快速回應到整體生產指標，提升及時生產之後停滯不前的生產指標。

李勇還完成另一件重要的工作，把芒羅的方式用 Excel 整理成一個查檢表和評價表，想要做精實產品設計的人可以按表操課，並且評價改善前和改善後節省的工時；這個精實產品設計評價表的產生讓研發人員和工業工程人員，都更容易操作芒羅的方法。

精實產品設計步驟是：
(1) 產品分解。
(2) 動作分析。
    2.1 放置動作分析。
    2.2 拿取零件分析。
    2.3 作業員和零件界面分析。
    2.4 組裝分析。
    2.5 緊固分析。
    2.6 材料加工。
    2.7 作業員動作。
    2.8 檢查動作分析。
(3) 優化設計。
(4) 零件必要性分析。
(5) 減少零件數。

回歸到前面提到的 **Whole-Part-Whole 心法**。及時生產雖然無法讓作業人員用更容易的作業方式組裝產品，也無法降低零件數以降低成本，但透過精實產品設計可以實現。抑或是，先做精實產品設計似乎有用，但是

沒有及時生產的支援，生產效益可能浪費在待料、找料、更改排程或大量庫存……等事情。結論是，先推動整體的及時生產（Whole），精實產品設計的成效（Part）就可以清楚被看到，如此能增加所有人員信心，持續改善產品設計。

精實生產線設計

在及時生產時，我們會將整體工廠分成不同的島，一個獨立製程站為一個小島，小島連結在一起會成為一個大島。及時生產改善島與島之間的連結，減少島和島之間的半成品庫存，加快島鏈的流動速度；但是及時生產無法改善島內的生產效益，要改善島內生產效益需要靠精實產品設計和精實生產線設計來達成。

以人工為主的三種生產規劃

基本上生產線分為三個類型，專用型產線、混合型產線、離散型產線。

專用型產線

第一個類型是專用產線，以生產大量少樣的產品為主。第一類產線目標是生產速度與生產效率，透過短節拍、多人力，讓每一位作業員專注一個動作，使作業員熟練重複工作，達成最佳效率目標。這樣的產線，最佳生產線體是流水線（圖 3-8）。

流水線又分為單邊直線、雙邊直線、循環線，主要是以空間和進料為考量，設計原則都是一致的。流水線的三個優點是**快速、快速、快速**，可以達成最低成本。流水線有許多限制，一是人要熟練各自的工作，如果一個流程中有快有慢就會影響效率，所以流水線要儘量固定工作站和作業員，如果有員工請假和離職都會影響整體生產效率。其次是管理不易，現場主管無法一眼看清楚每一個工作站，員工必須做好自主管理。第三是進料和出料往往在不同方向，增加物流複雜度。第四是不易作為多種產品不同工站的生產，這會讓產線不好規劃，反而會導致效率下降。

離散型產線

第二類型是離散型產線，以生產少量多樣的產品為主。像是手錶這類產品，需要很長的工時，少量多樣，就會用離散型產線。離散型產線常用的線體型式有豆莢型（圖 3-9）、細胞型（Cell）（圖 3-10）。手錶和某些自行車刹車可以由一個人完成所有工序，會採用豆莢型產線；大型鉛酸蓄電池組是由多人完成多工序，就會採用細胞型。許多機械工廠的組件，如控制箱，也會使用細胞型。

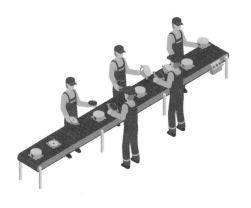

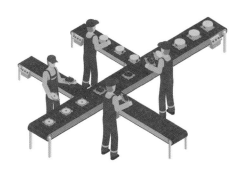

圖 **3-8** | 　　流水線（左上）。

圖 **3-9** | 　　豆莢型產線（右上）。

圖 **3-10** | 　　細胞型產線（左中）。

圖 **3-11** | 　　U 型線（右中）。

圖 **3-12** | 　　L 型產線（左下）。

圖 **3-13** | 　　組合 L 型線與流水線（右下）。

121

彈性產線

第三類型是彈性產線也稱為柔性產線，彈性產線適合少量多樣、工作站不固定的產品。彈性產線的速度比流水線慢，但是快於豆莢型和細胞型。彈性線最常用的線體是 U 型線（圖 3-11）。U 型線比流水線更容易管理，管理人員可以站在 U 型線中間清楚看到所有作業人員的狀況。即使缺少員工或是有一位不熟練的員工都可以順利運作。進料和出貨在同一邊，容易規劃物流。因為，彈性產線有較多優點，所以許多精實生產設計會儘可能使用 U 型產線。

複合型產線

在前三種產線的基礎下，組合兩種以上產線可以成為複合型產線。在複合型產線中會加入 L 型產線（圖 3-12），採用 POU（Point of Use）的作業方式。也可以把離散型產線和 U 型線組合，或是組合 L 型和流水型產線（圖 3-13）。

以機器為主的兩種生產規劃

如果生產線體主要以機器生產為主，像是化工產線或是鋼鐵業，主要兩個規劃方向是大型化或小型化。大型化主要以規模生產，提高生產效益，降低生產成本。小型化則是增加生產型號的彈性，較容易換型換模，主要滿足少量多樣產品的需要。

精實生產線設計的整體思考

2015 年我在美的電器的顧問重點，從工廠的精實生產轉向新產品研發設計，我告訴沈清葉女士，請評估和引入其他顧問公司持續做精實生產線設計和暢流改善活動，因為我要把焦點放在新產品開發。我特別提醒沈清葉女士，無論哪一家顧問公司接手我的工作，皆不能改變我的及時生產架構。

沈清葉女士很審慎地引入一家精實生產的顧問公司，這原本是好事一樁，但是這家公司裡裡外外的顧問都不懂訂單拉動式的及時生產，硬是將美的電器已經提升效益的及時生產系統破壞，導致效益又降低下來。然後沒有思考美的電器的生產需求，認為最佳產線就是 U 型線，讓所有工廠都要創建新的 U 型線，結果當然是釀成生產效益的大災難。

有一次我到美的空調工廠參觀，看到幾條 U 型線已經閒置，我問他們，才建好不到半年為什麼閒置？原來當時沒有完善考量讓 U 型線生產的型號，原先的型號停產之後，產線就閒置了。後來瞭解到其他工廠新建的 U 型線，基本上不到兩年都拆掉了，主因有三個：一是沒有從價值流的整體出發，找準新建線是用來解決價值流中的哪些瓶頸問題，純粹以改善單點指標（比如單線效率、品質）為目的而建；這次新建產線大多著重在組裝，導致前製程沒有足夠的產能可供應部件。二是產線彈性不足，只能做單一型號，當此型號訂單不足就閒置，如果是量大的型號，單線日產出對比原大流水線要少很多，不能滿足客戶大量的需求。三是讓車間內部物流變得更糟糕，U 型線物料的進口和成品的出口相距太近，同時一個工廠內既存在大流水線，又存在 U 型線，兩種線體類型的物流配送模式是不一樣的，對於規模都很大的美的工廠來講，進出車間的物流量都很大，車間內產線的如此佈局導致物料流向出現嚴重的交叉、迂迴，一片混亂。

剩餘少量依然在使用的產線，也沒有管理點腳印、沒有預留空間在未來增加自動化、更沒有目視化的資料，最嚴重的是，缺乏整體及時生產規劃的配合，導致物料流動不順暢，要額外增加人力做物料搬運。還有因為沒有考量前後製程銜接，即使 U 型線有較佳生產效率，做出產品依然要等待後製程可以消化或是前製程沒有產能供料而停線待料。

這樣的精實生產顧問公司讓我大開眼界，只做局部改善，沒有考量整體效益；結果是局部優化，整體劣化，反而造成整體生產效率下降；有時連局部優化都沒達成。唯一獲利者是顧問公司可以賺錢，這已經是兩岸精實生產顧問公司的常態了。

後來沈清葉女士組織美的電器一些工廠總經理和丘苑娟女士在檢討之後達成總結，一個工廠必須依照訂單特性設計相對應的生產線，如果需要大量生產同品項產品就使用流水線，少量多樣產品選擇 U 型線，某些零組件組裝可以使用細胞線，或是把以上產線適當組合，成為符合產品特性的組合型產線。在設計產線時要把工業工程原則用上，計算線平衡，設計適當的量具、治具，讓產線整體可以得到最大生產效益。

暢流改善

在推動及時生產、完成精實產品設計和精實生產線設計之後，不管整體生產流程或是局部生產流程都可以提升生產效益。整個工廠的原物料和半成品應該可以順暢流動，大野耐一將這整體稱為流動改善。

在整體流動改善之後，工廠可以順暢運作，但是總會有間接性的不順暢之處，如設備故障、產品品質異常、新人加入工作崗位，讓前製程的材料無法準時抵達基準節拍點。還有一些來自於設計在製造流程中的浪費，如搬運距離太長、不適當的容器、供應商不及時、換模時間太長導致需要集合生產……等。

針對這些經常或是異常的狀況，精實生產用暢流改善工具加以改善。任何改善手法都可以作為暢流改善工具，以下介紹經常被運用的幾種工具。

全面生產管理（Total Productive Management，TPM）

當前製程半成品無法準時抵達基準節拍點，若歸因於前製程設備故障時，就需要 TPM。在精實生產中的 TPM，主要是狹義定義，比較偏向全面生產維護（Total Productive Maintenance），用來確認每一台機器設備能正常運作，整體流動不會因機台故障導致停滯。對於生產活動主要依賴設備和機器的工廠，TPM 尤為重要。

TPM 的核心觀念是「在設備中，當能量在物質間的流動和我們的預期不符合，便會產生問題」。因此，推動 TPM 時必須要研究兩件事，一是設備的零件爆炸圖，以及設備中能量如何在零件或組件中流動。

TPM 的重點工作有八項：

(1) 參數管理：確保所有設備參數被確認並執行，避免因參數輸入產品的產品異常。

(2) 點檢與潤滑：要從動力輸入源開始，沿著能量找尋每一處介面，思索每一個介面是否有潤滑和點檢的需求。檢視機器外觀和爆炸圖，找尋點檢需求。

(3) 更換磨損零件：從動力輸入源開始，找尋和其他零件或工件有互

動的零件,研究磨損的時間,定期檢查和更換。

(4) 調整:從動力輸入源開始,找尋可能鬆動的零件,例如皮帶、螺絲,定期檢查與調整。

(5) 異常處理:記錄所有機器異常現象,對每一個異常現象寫下異常處理手冊與處理之後的確認標準。

(6) 復原:定期將機器磨損件更換,將機器復原為原來狀態。

(7) 設備改造:研究機器構造,將設備改造成更適合產品品質需求、提升生產效率或是低故障率的設備。

(8) 數據分析:長期監看產品、機器或是 IoT 數據,推論機器內部狀況,在機器劣化前將問題解決。

快速換模(**Single Minute Exchange of Dies**,**SMED**)

在設計及時生產系統時,如果有些工作站需要比較長的換模時間,就會提早生產,讓現場適當的合併訂單生產,以減少換模次數。無法併單生產時,會生產較大的批量,把剩餘數量放進調節庫存。這樣的設計雖然可行,但是會提高在製品庫存以及增加生產週期時間。此時,就可以運用SMED 的暢流工具。

SMED 有六個步驟:

(1) 衡量總體型號更換時間:記錄上一型號最後一個產品出工序,到下一型號穩定正常生產的第一個產品出工序的時間間隔。

(2) 確定內部步驟和外部步驟:把型號更換步驟分成詳細的小步驟,並歸類成為內部步驟和外部步驟。

(3) 把內部步驟轉化為外部步驟:把可以在設備不停機時做的內部步驟轉化為外部步驟。

(4) 改善內部步驟:重新設計內部步驟的順序和操作方法,以最小化停機時間。

(5) 改善外部步驟:把外部步驟改善的更加有效率。

(6) 標準化型號更換程式:建立型號更換前的準備事項檢查表,建立標準化作業檔,設立目標並且追蹤實際表現。

結構化工作場所訓練
（Structured On-The-Job Training，S-OJT）

當前製程半成品無法準時抵達基準節拍點，而且歸因於新進員工熟練度不足時，就需要 S-OJT。S-OJT 源自於第一次世界大戰，美軍為了橫越大西洋作戰，大量召募平民生產船隻。平民是造船新手，但是大西洋因為德國的無限制潛水艇政策，導致許多橫越大西洋的貨船被擊沉，而需要大量補充船隻。美國造船公司的查理士·亞倫（Charles R. Allen）基於心理學家約翰·弗里德里希·赫爾巴特（Johann Friedrich Herbart，1776～1841）[10]的想法，提出 OJT 四步驟教導法，以便快速訓練平民建造船隻。關於查理士·亞倫已經找不到相關資料。查理士·亞倫的四步驟為：準備，向工人展示他們需要做什麼；演示，告訴工人他們需要做什麼以及為什麼需要他們這樣做；應用程序，讓工人執行所需的任務；檢查，提供反饋，告知工人他們做對了什麼，做錯了什麼。

一次大戰結束之後查理士·亞倫的做法就被遺忘了，一直到二次世界大戰爆發，美國成立「戰時人力委員會訓練局」，由錢寧·杜立（Channing Rice Dooley，1882～1956）主持，研究快速訓練作業人員的方法。錢寧·杜立最成功的研究是透鏡磨光師訓練，成功將訓練時程由五年縮短為三週。大戰結束，錢寧·杜立將工作研究彙整成 TWI（Training Within Industry）。TWI 在美國工廠未被運用，反而被道格拉斯·麥克阿瑟將軍（Douglas MacArthur，1880～1964）帶到日本，成為日本企業的基本管理方法。二戰結束之後，錢寧·杜立的研究再度被美國工業界遺忘。整個研究被美國俄亥俄州立大學勞動力發展與教育系的雷諾·傑卡伯斯教授（Ronald L. Jacobs）繼續研究，發展出 S-OJT 方法論。

我從 2000 年就開始使用 S-OJT 的方法，一開始用在長榮桂冠酒店協助快速訓練服務人員，前檯員工採用 S-OJT 訓練之後，獨立上線時間可以從三週縮短至一週。之後又在台灣神戶電池協助訓練廣州廠班長和越南廠作業員。在美的電器時，是運用在壓縮機工廠的主軸無心研磨工作站。

推動 S-OJT 必須花費不少時間和心力，我們通常不會使用在所有工

　10　19 世紀德國哲學家、心理學家，科學教育學的奠基人。

作崗位，而只會選擇複雜性高、困難度高、經常有新進員工、新進員工帶來高效率損失、錯誤導致的後果嚴重的工作站。導入後一般成效很好，可以減少 50～75% 的訓練時間。

S-OJT 的步驟如下：

(1) 選擇使用 S-OJT 的工作項目。

(2) 分析工作內容。

(3) 訓練 S-OJT 訓練師。

(4) 製作 S-OJT 訓練手冊。

(5) 執行 S-OJT。

(6) 評估及修改 S-OJT。

其他暢流改善工作

還有許多其他暢流改善工作，像是：

(1) 物理流程改善：主要針對物流路線，透過重新布局設計，減少物料和成品的搬運距離。

(2) 供應商管理：確保供應商交貨品質和交期。

(3) 容器設計：確保容器在及時生產中最容易搬運、識別、置放看板和計算數量。

(4) 安燈：讓生產線的任何問題可以即時被發現。

每一個暢流改善行為都要回歸到及時生產，用及時生產的指標驗證暢流改善的成效。

精實生產配合 S-OJT 重塑產業競爭力

拓凱實業總經理　沈貝倪

　　拓凱實業是一家以複合材料為基礎，並設計和製造不同產品系列的公司，主要包含使用碳纖維複合材料的用品，如腳踏車、安全帽、航空和醫療的元件。在過去我們沒有接觸過外部的生產課程，只知道有機會可以減少浪費、可以做一些單元改造，但並沒有辦法辨識出生產線真正存在的問題。而我真正困擾的是，自己掌握不住生產線，看不清楚如何達到最佳生產效率，也不知道在生產線上該如何實現客戶所有的需求？我不知道從何開始。

　　在 2019 年我踏進了詹老師的精實生產課堂，課程中學到 Whole-Part-Whole 的思維，開始有了工廠整體設計的概念，在老師的引導下從思考工廠的整體性，再到每個單元如何影響工廠的整體性。至此我到現場看工廠的角度也和以往有很大的不同，已經可以從腦中架構產線，再去印證工廠實際上的狀態如何，進而找出現場的問題。

　　拓凱的產線沒有規則，都是仰賴人力去推動每個零件的運作。當工廠收到客戶的訂單時，便全權依賴生管人員處理，這就是一種人力的浪費。導入精實生產才發現，過去的生管負責人很痛苦，因為他無法精準地規劃每段時間該生產什麼，經常在修改排程、接聽電話。而精實生產就是創建並修正生產規則和流動規則，嘗試讓這兩種規則相輔相成，讓生產線有完全不一樣的運作方法。

　　球拍產線最大的瓶頸在噴塗，前面的型號則很單純，只是同一個型號拆成好幾種顏色，因此只需根據客戶的需求排單，基準節拍點的尋找並不困難。但是腳踏車產線第一次設置的基準節拍點便不是正確

的，因為最初沒有考慮到後續出貨裝箱，所以沒有將對手件也考量進去，變成腳踏車車架完成之後，還需要等待對手件，因此只提升車架的生產效能，整體效能並沒有提升。之後改成雙點排單方法、改變基準節拍點後，就很快看到具體成效了。將精實生產應用在工廠是有趣而複雜的，因為沒有兩條產線是一模一樣的。

利用 S-OJT 克服 380 道工序

拓凱的製造工藝高度依賴人力，所以工廠大部分在中國，也因為客戶的產品多樣化，需求量又很大，例如碳纖維的球拍，一年就生產了 1、200 萬支，因此生產線上人很多、東西很多、工具也很多，光一支球拍就有 380 多道工序。每訓練一位生產球拍的員工，只能仰賴老手帶新手，員工訓練週期長，通常需要耗時三個月才能獨立作業，因製造球拍工作強度大，碳纖維容易使皮膚過敏、學習強度也高的條件下，員工離職率非常高。

導入 S-OJT 之後，我們把工序及工作內容拆解並定義，把工具、材料、問題、方法分章節清楚解釋，並以員工視角教學，既有深度又清晰。把教學方法給產線班長，讓他能一對多進行教學，提升效率，以往三個月的教學週期，瞬間降低為三天。

2019 年推動精實生產之前，球拍產線是拓凱利潤最低的產線，導入精實生產後，即使當時匯率變動極大，球拍產線卻成功獲利，連財務部門都很訝異，也成為其他商品產線推動精實生產的誘因，激發其他產線人員的學習動力，有不斷進步的能量，帶動了一股學習正確工具的力量。同時也讓過去不想涉足生產也不懂生產的我，理解到工廠裡的知識量是很大的，但是只要願意投入並照著步驟走，就有很大的機會去看懂產線、管理產線、創造產線，甚至最終達到低成本智能生產。可以深入且不害怕去管理這些同仁，講出他們能信服的話，這才是一個領導該做的。

拓凱實業股份有限公司	
成立時間	1980 年
主要業務	製造業
股票代碼	4536
資 本 額	18 億元
員工人數	280 人
董 事 長	沈文振

整合及時生產與暢流，徠通科技，線切割機

徠通科技來自工研院團隊所創立的台灣線切割放電加工機品牌，為了提升工廠的整體營運效能，故在 2013 年委任國內知名車廠的顧問協助精實生產改善活動，在推動的過程與大多數企業一樣，全力投入在消除浪費的改善工作，致力於 5S、標準化、工具車、物料車⋯⋯等各種暢流活動，在初期導入時的確讓各流程更加順暢，但同時陸續累積工廠員工對於改善活動的不認同與抱怨，員工無法快速感受到精實活動對自己的工作改善，反而帶來的是工作上更大的負擔，而工廠以庫存來換取交期提升的做法，雖然短期內提升了交期，但同時也導致庫存成本不知不覺地在增加。

2018 年徠通科技在導入精實生產多年後，梁瑞芳總經理感覺推動局部暢流改善已經遇到瓶頸，而精實生產中的拉動及看板二項工程卻一直沒有導入，若能從整體排程改善來著手，對公司可能有另外一番精實生產的提升，因此決定鑽研美國精實企業體學院所出版的精實企業管理叢書，以學習 Lean Production 五大精實生產改善步驟，尤其是期望能建立拉動生產模式來提升其整體的生產效益，但缺少有經驗的精實拉動生產專家的協助，一直無法實現線切割機拉動生產模式。

2020 年在 Covid-19 疫情影響下，我回台灣開設精實生產的課程，梁總也洞悉到該機緣或許是徠通科技突破現狀的好機會，於是由梁總親自帶隊並全程參與此精實生產課程，他對於價值流圖的系統拉動設計深感認同，但線切割機零組件高達 2,500 多種物料，其繁雜的網狀製程與以人為主的高精度組裝特性，造成其價值流圖節拍點的設定方式與其他行業截然不同，因此需結合徠通本身的領域知識來加以整合應用，徠通精實生產小組要打破過去的推動式做法，進而學習全新的生產排程邏輯，這看似簡單的一環，但卻是精實生產推動最基礎也是最難的關鍵。

在梁總的帶領下，徠通精實生產小組雖然經歷了將近一個月的資料分析與跨部門的討論與溝通，但終究成功首創台灣工具機的多節拍點的 VSM，依其各製程的不同功能屬性建立其集結規則，徠通更進一步，將其拉動生產的邏輯規則透過自行設計的軟體界面方式，從訂單出機日與各節拍的集結需求時間點，自動推算出各製程的拉動時間點並運用 QR-code 來發佈途程看板，以結合其現場的數位化報工系統與精實物料車，讓主線

流程從物料集結、工位進站到工位出站都以數位系統進行監控。

　　另外應用精實設計、作業要素分析等改善活動，持續對其整體拉動的瓶頸站做局部優化，尤其是副線的電箱製程，在以往的做法為多位組立技師，同時組立的批量生產方式，其作業項目繁瑣因此每批產出時間冗長，技師訓練不易且作業品質不易管控，因此徠通運用單元設計的概念，重新設計其 Layout 與單件流作業方式，設置產線外預組與外包模組來料，簡化並平均各站作業項目以達到平準化的四站生產流程，依訂單需求進行生產節拍的人力調整，由主線的集結需求點來拉動其電箱啟動生產，大幅減少原本的計劃性生產庫存與批量生產的等待時間浪費。

　　因徠通拉動生產模式的成功，讓原本的暢銷機種不僅是交期改善率達50%，同時也在 2020 年降低整體庫存成本 28%，解決製程中許多的物料等待浪費，也強化了業務市場的推展與搶單競爭力，因此徠通科技也成為台灣工具機精實生產標竿工廠。

　　徠通科技先推動暢流改善，在遇到瓶頸之後，回到及時生產的 Whole 才真正打通任督二脈，讓精實系統發揮極大的成效。

｜不可能的任務，機械業的傳奇拉動｜

徠通科技副董事長　梁瑞芳

我從小就受到父親日本式教育的思維感染，他常說：「無論生活與工作，都要依循規則，比如用完東西要歸位，減少下次尋找東西的時間。這樣一絲不苟、有條理的做事方式，更要用在製造上。」

放眼全球，採用精實生產的機械設備廠只有四家，其中一家就是徠通科技。機械設備業的客製化，有量少、多樣、零件多的訂單屬性，所以許多人都認為，在機械設備業推動精實生產，幾乎是一件不可能的任務。

2013 年，我們便曾導入精實暢流，先執行 2S 的整理（SEIRI）和整頓（SEITON），隔年實行產線合理化、LOSS……等改善，我並不貪心，覺得一年做一點即可。但歷經 2013 年到 2018 年，五年多來一連串的改善活動，隨之而來的是工作習慣改變大、同仁反彈大、主管信心動搖，以及大量的離職。暢流改善做了好幾年，反應在財務效益的成本及庫存上並不大，整體看來只有小改善，沒有大的效益。

2019 年，我們再次遇到了需要突破的瓶頸，於是和團隊成員開始鑽研豐田生產系統的書籍，也讀了美國麻省理工的兩個教授 Womack, James P./ Jones, Daniel T.出版的《Lean Thinking》一書。書中的內容明確記載了精實生產的五個步驟，我也知道工廠缺少的是「拉動」及「看板」，然而書中的內容專指物流業的精實生產，並不是製造業；同時我們也詢問許多顧問專家，大家在拉動的部分都說得並不完全。

直到 2019 年，我們透過詹志輝顧問的課程，才獲得了整體拉動

的要領，原來要設定基準節拍點拉動及設計庫存，和之前暢流改善一串連起來，此時我和團隊有種打通任督二脈的感覺。

透過詹顧問的課程領略到關鍵後，我重新定義了公司的精實生產系統：若我們用計畫生產，會有大量的庫存存放問題；若使用訂單生產，則會有交期過長的問題。之前為了達到十天的交貨期，會製造大量庫存來因應訂單的波動變化，現況價值流與理想價值流，達到了56.7% 的差異。省去計劃生產導致的材料與管理成本浪費，以及訂單生產導致的排程浪費，庫存瞬間降低 50%。

倈通的生產週期很長，光是零件就有 2,500 個以上，運用複合式節拍點的設計，設立了三個節拍點，控制所有生產流程的物料管制。並把產線分成主線、副線、預裝線，無論需要外包或自製，人力都很好調配。從現況價值流到未來價值流，不斷做改善計畫，整體改善效益高達 55%，大量降低原物料及產線半成品的庫存量。

我們做完拉動再搭配前幾年的暢流設計，才體會到什麼是 whole-part-whole 的概念，以前只停留在 part 階段，所以精實生產效益才沒有完整體現。

此外，只有看板才能生產，這是精實拉動必要的原則。為了準確地投入看板，我們將資訊數位化，用 ERP 數據與精實拉動規則，寫了一套軟體，提升資訊流。我想以過來人的身分提醒，若要推動工業4.0，若想導入資訊化，一定要把工廠的拉動規則先訂好，要定義的非常清楚，生產邏輯也要合理化，才能開始寫軟體，資訊 E 化可以讓精實生產的效率再進化：

• 改善報工作業流程（報工紙本作業時間改善：73 hrs↑／每月）

• 即時生產進度資訊（電子看板顯示掌握線上即時派工、開工、完工率等）

• 提升派工／入庫作業效率（移轉／入庫作業時間減少：13 hrs↑／月）

• 提升生產效率（結合人員績效管理，提升生產效率 20%↑）

實行整體拉動後，會知道哪些是製程的瓶頸，再針對這些瓶頸製程進行改善。可以運用錄影記錄下組裝的流程，分析每個動作，而後消滅製造過程中的各種浪費。舉例而言，在組裝機台時，鎖螺絲以外的動作，都是沒有產值的動作。我們建立了螺絲耗材超市，依機台拉

動量設定合理庫存，透過設計發料車減少走動與拆丟包裝的動作浪費，再依平準化節拍生產提高人員作業熟練度和整體生產效率，快速學習，降低技師訓練門檻。

精實生產改善活動，也有效鼓勵同仁對於製程問題的主動發現與參與，以集點競賽的模式，帶動同仁積極思考，涵養創新思維，逐步將精實管理落實在工作中，打造公司的精實文化。

成立徠通產業學院，建立精實道場，造福產業

現在徠通科技從精實生產中獲得耀人的成果，我認為一路走來，要感謝的人有很多，但最重要的是，如何讓大家不要重蹈覆轍，藉由我們的成功經驗分享給更多企業一起成長。因此徠通科技特別於2019 年底建置「徠通產業學院」，將資源整合擴大化，以標竿企業參訪及共學營的模式進行。學院成立以來，每年參訪人次都達 1,200 人次以上，與中央機關、地方政府、民間團體合辦數十場的研討活動，以整合資源鏈結的永續企業經營精神持續下去，共同提升整體國家的競爭力。

徠通科技股份有限公司	
成立時間	2001 年
主要業務	機械設備製造業
資 本 額	3 億 6,000 萬元
員工人數	85 人
董 事 長	陳舜源

整合及時生產與暢流，茂順密封元件

在前文提到茂順 2013 年導入精實即時生產系統後，開始有顯著的成果，但之後的精實暢流也是煞費苦心。精實暢流在於整體生產的思考，有別於單點改善。在後製程的精實生產中，我們目標要著重在縮短等待時間、減少 WIP 儲位以及提升生產效率。在許多製造業一定都會遇到這些問題，問題多數都是從「人」開始的，每個人都有自己的生存策略，在一個環境中如何做、怎麼做都是為自己最大利益為考量，也是我經常在課程中提醒經營者注意的，這些也可能會造成管理一間工廠變成更加複雜，更別說要做精實生產，就如同系統要格式化重新設定，必定會影響到一些人的利益。

茂順以前的組長要十八般武藝，除了要排程管理外，要做換模、試模、量測，所以現場根本不管生管的排程，重點放在他們自己的利益上，挑好做的先做。有能力的組長很忙，所以也不想教新人，責任高也不會有人敢得罪，要依照他的做事方式來安排製程。

S-OJT ＋快速換模＋單元改善

為了解決這個問題，我們開始拆解模具的工作，運用 S-OJT 的方法，搭配快速換模台車，提升效率，換模時間從 60 分鐘改為 15 分鐘，換模筆數增加一倍；同時職務也重新分配。當時的組長職位需要具備專業技術背景，還需要做勞力工作（換模、試模、量測），加上現場管理作業，造成招聘不易，離職率也高。經過多次討論，把關鍵流程做成 S-OJT，就可以把需要勞力的換模工作交給外籍勞工，而試模由台灣員工負責，減少搬運找東西，不做排程只做管理，也降低組長這個職位的流動率。

製訂六定原則

以往加硫產線的後端製作完材料就會直接配送，無配送規則，所以不斷生產不斷堆放現場；之後設計後送料台車搭配看板，以六定（定品、定位、定量、定容、定置、定員）中的定容方式，規定每次配送為二盒鐵殼、二盒膠料、一盒模具，依照看板作業需求再補齊備料。雖然物流變

多，但改善虛工也間接補足流動，流動變快後，現場也能維持整潔，且不存放多餘備料，訂定明確的規則，沒有需求就沒有多餘的生產，減少浪費。

後面繼續做物流配送流動設計，其目的在於暢流站與站之間定時配送、資源整合，物流效益極大化；以及工作站結合縮短 Lead Time、減少搬運。讓後製程的主管不需排程、減少搬運、減少找東西（配合 WMS）、目視管理（透明化）／人員彈性安排。茂順的精實之路從價值、價值流圖、整體流動改善、暢流、完善，不斷循環完成 Whole-Part-Whole 的概念，減少浪費、縮短工時、增加有效產出、減少不合格品、減少庫存、增加周轉率、提高交貨準時率。

│ 拉動與暢流並行 │

茂順密封元件 生管部經理 **石銘賀**
製造部經理 **黃豪偉**

圖3-14│　茂順工廠內部照片。

　　在 2013 年開始導入及時生產拉動後，我們便接著手開始做暢流及單元設計，就如同詹老師傳授的心法：Whole-Part-Whole。當你開始做整體拉動設計時，也要同步看單元改善，隨時會勘是否對整體拉動有幫助。

　　我們邊學習邊實作時意識到，單純改變排單原則，現場大家不一定都會遵守，若單純仰賴現場主管去管理，不僅浪費人力更耗費心力。所以必須要適當地調整職務，讓分工更有效率，並配合廠內物流設計動線與工具來輔助。

　　當時，鐵殼與膠料配送依然是大批量製作，即使加硫製程的人請假，前製程的物料依然會進行生產並往產線堆放，導致製造過多。但是膠料是有保存期限的，現場有過多的膠料，即使在發出看板後，前面堆積的膠料仍然無法在後製程中消耗完畢，停滯過期的膠料會導致

變質，在品質缺失下無法使用。

所以設計「後送料台車」規定產線，最多一次配送固定籃數的鐵殼與膠料，並依照看板上的生產訊息提供物料。台車上的層架有經過「定容」設計，最多只能存放三籃，如果多補，也沒有地方可以放置。改善後，減少停機帶料並增加流動速度，現場也騰出大量的空間。從台車的單一改善（Part）來看，流動頻率是以往的三倍，減少以往亂備料造成的虛工浪費，用整體流動（Whole）來評估，效益是大大增加的。

而「快速換模台車」，也做了S-OJT 的訓練以及現場職務重新分配。以前，身為組長需要十八般武藝，一個人管理一區，還要排單，換模、試模都要會，同時消耗腦力及體力，有時試模的效果就會不好；這樣的情況下，更別說如果隔

壁區換模不順利，根本無心協助，更沒時間教導新人，這樣吃力不討好的工作，流動率自然高，也導致組長只想要大批量生產來減少換模次數。

我們先把換模與試模的工作拆開，並搭配 S-OJT 培訓與快速換模台車，增加效率及經驗。需要量測與知識背景的試模工作，交給有較多經驗的組長，而組長也會把經驗傳承給新人。這般設計過後，不僅降低此職務的流動率，也大幅增加拉動的整體流暢。後續我們也把這樣的方法分享至供應商，一同響應。

以前為了提高產能，在旺季時期，辦公室的人員還需要去現場支援。工廠的現況就是如此，透過即時生產改變排單方式及單元設計，對茂順來說，在一樣的人力及設備之下，創造出比以往更高的產能。

完善

完善的目的是確保及時生產系統、精實產品設計、精實生產線設計和暢流改善的改善成效可以維持。內容包含整體工廠的指標管理和工作現場的 5S、目視管理。

在推動及時生產之後，必須建立和精實生產相關的 KPI 指標系統，長期監測 Door-to-Door 時間、人均產值、薪資貢獻率、基準節拍點準時率、半成品庫存、材料庫存等重要指標，當指標出現異常，代表及時生產系統運作有問題，必須馬上進行調查與改善。

工作現場會實行 5S，確保產線內工具、治具、量具完整，並且不存在不該存在的物品；5S 要分成生產中和下班，分別代表生產中與無生產的產線狀態。必須把標準工作目視化，可以顯示每一個生產線是否依照節拍時間產出，生產線的在製品數量是否過多或過少，人員作業是否依照正確路徑移動，以及執行正確的動作。

如此可以固化整個從及時生產到暢流改善的成果。

精實生產與六標準差的關係

精實生產系統和 TPS 都沒有系統化的品質改善方法，雖然精實生產的兩位創始人詹姆斯・沃馬克（James Womack）與丹尼爾・瓊斯（Daniel Jones）曾表現對六標準差的不屑一顧，但是無可否認，六標準差改善品質的方法是遠勝過精實生產和豐田生產系統。

六標準差在品質系統裡屬於品質改善工具（Quality Improve，QI），因此，當前製程半成品無法準時抵達基準節拍點，而且歸因於品質議題時，就需要 QI。所以，可以用精實生產系統找到六標準差的改善專案項目，也就是說，六標準差為精實生產服務，以達成精實生產的整體目標。

我在中國的顧問合作夥伴——美國 SBTI 中國分公司，主要是以推行六標準差為主，很不幸的，這家在六標準差領域表現優異的公司，所有顧問卻完全不知道什麼是精實生產，尤其對及時生產系統毫無認識。精實生產的兩位創始人 James Womack 與 Daniel Jones 也對六標準差毫無瞭解，他們互相不瞭解的程度相當一致，也算扯平了。

總之，在精實生產推動過程中，如果遇到任何品質議題，交給六標準差專案小組即可。

低成本智慧製造
（Low Cost Intelligent Manufacturing，LCIM）

在開始學習精實生產時，我就在想一個問題，精實生產最後一哩路是什麼？什麼是精實生產的理想工廠？是工業 4.0 的工廠嗎？或是有其他樣貌呢？

如果知道精實生產的終點，瞭解精實理想工廠的樣貌，我們就能確認，今天的每一步是正確還是錯誤的，便能逐步往目標邁進。我們需要一個燈塔，讓我們看到未來工廠的樣貌。但是從 2018 年起工業 4.0 就有點退潮了，原因很簡單，客製化需求沒有那麼高，而成本又太高，無法與競爭者競爭。

我不斷構思精實理想工廠的樣貌，我認為理想工廠的條件應該是：
☑ 最低製造成本
☑ 最佳品質
☑ 最少人力
☑ 最小場地
☑ 最易管理

所以，我開始構思精實生產系統的未來。

用電子看板整合工廠資訊流

要讓工廠最少人化，必須讓機器之間可以做溝通，機器溝通如果需要用到視覺系統或是 AI 系統，複雜度和成本就會提高，這是所有自動化工廠第一個難關。而及時生產系統會將所有生產資訊記錄在看板，包含一個原物料要經過的所有製程路徑，如此一來，無人搬運車（Automated Guided Vehicle，AGV）就可以根據看板資訊自動搬運原物料到指定位置。而且，使用及時生產系統，原物料本來就已經拆分為每一張訂單的數量，並不會整批運送。整批運送會造成兩個問題，其一是機器不容易拆分批量，其二是自動化生產不會做出一堆半成品庫存。

AGV 把原物料送到工作站前方，自動送料裝置或是機器手臂

（Robot）會將原物料送至機台，此時，我們可以把機台參數置入看板，讓機器掃描看板，自行設置參數。還能將看板資訊電子化，置入無線射頻技術（Radio Frequency Identification，RFID），如此，自動倉儲掃描看板資訊給出一個訂單的數量，AGV 運送一個訂單的批量到看板上的指定地點，收到原物料的機台根據看板資訊設定機器生產參數，用看板貫穿一張訂單的資訊流，實現低成本的機器溝通。

如果工廠還是用 MRP 的物料管理系統呢？

每一批原物料可能包含好幾張訂單，每一批原物料可能必須依照不同訂單送到不同的機台加工，每一張訂單的加工參數可能不一樣，如此，就必須用人來做這件事，或是用成本高昂的複雜資訊系統，就不可能實現最少人力和最低成本了。顯然，及時生產系統讓全廠資訊流可以用低成本實現。

用精實產品設計實現自動加工和組裝的比率

精實產品設計會讓產品組裝變簡單，其中有許多重要原則，包含儘可能讓上一工件可以讓下一工件定位且使組裝更容易，也更適合用機器手臂進行組裝。複雜的組裝工序，對人員作業是個挑戰，對機器手臂更是如此。精實產品設計將產品組裝變容易的同時，也實現機器手臂組裝的可行性。如此，現場的工作便可大量由機器手臂完成。

為什麼要讓機器手臂做呢？因為機器手臂如果分五年折舊，每月折舊成本已經低於兩岸作業員的每月薪資，而機器手臂經常可以使用十年以上，用機器手臂進行組裝工作可以實現低成本製造。而且機器手臂相較於人，錯誤率更低，產品品質也會更穩定。機器手臂上裝置 RFID 閱讀裝置，可以實現機器手臂和原物料溝通，讓機器手臂可以清楚知道這些原物料要如何組裝，或是放置到哪一台機器設備進行加工。

儘量採用共用平台與共用模組設計新產品

如果產品採用共用平台與共甲模組，就可以實現不同產品混線生產，可以進一步降低最小生產批量，實現客製化生產。

建立適合 **AGV** 和自動輸送裝置的工廠物流動線

工廠中許多物流仰賴人力，所以要儘量利用 AGV 和其他自動輸送裝置實現物流無人化。AGV 的好處是有彈性，缺點是需要場地；自動輸送裝置可以用懸掛式或是懸空輸送帶，在空中進行移動，缺點是沒有彈性，更改工廠布局時必須耗費成本重新架設。AGV 與自動輸送裝置都可以讀取看板資訊，自動將原物料送到正確工作站。如果沒有看板，只能單點對單點定向使用，想要多點對多點，將會是複雜麻煩的任務。

建立複合型產線

生產線設計必須掌握幾個原則，先設計全部自動化、無人化生產製程，這麼做可以讓我們把自動化透徹規劃，但是如此一來成本會過高，以無人化為基礎，開始用其他低成本方案替代。如此，產線的組合將會是：

- 機器手臂執行上下料。
- 機器手臂執行組裝，且具有自動換夾治具功能。
- 用光學檢測或 AI 的視覺辨識執行檢驗與精密定位。
- 機器（Machine）進行加工。
- 使用設備（Device）進行特殊動作，但是要注意未來的通用性。
- 使用人和人機協作進行機器無法單獨完成的動作；人機協作會採用協作型機器手臂（Collaborative Robots）。

設計時有幾個要點：整個產線必須適應多品項，包含未來產品；機器手臂、機器和設備的彈性；設備維護的成本估算與考量。然後，最重要的，這一些必須由工廠人員自行規劃。華為自動化小組人員告訴我，請外部自動化公司協助規劃的成本往往是企業內部人員自行規劃成本的 5～10 倍，讓外部自動化公司協助規劃就不可能達成低成本的目標，之後的維護也將處處受制於外部企業，導致運作成本也太高。

運用看板特性設計低成本自動倉儲

傳統的自動倉儲固定儲位，會造成某些儲位產品太少的空間浪費。當我們採用看板，看板會隨著物料移動和儲存，我們就可以清楚知道倉庫中所有物料位置，就可以設法把倉庫空間堆滿，需要取用時透過 RFID 看板

訊號將物料送出即可。如此，倉儲空間可以減少，整體成本也會大幅降低。

重新設計機台設備

精實製造經常需要少量多樣，機台設備必須可以自動設定參數，並且可以取出機台資訊，因此，很多時候必須自行開發客製化機器。精實生產工廠必須獨立或聯合供應商重新設計機台設備，這些設備必須儘量小型化、小批量、低成本生產、自動化、可連線、易維護、可自動調整參數、高精度、可遠程維護、可預防性維護、設備之間可以直接對話、存儲預測與執行自我管理、預留可連接接口、預留傳感器接口、可以搭配機器手臂上下料、用看板碼進行機台參數設置等。這不是容易的事情，但是必須儘早進入產品設計才能讓精實生產成效更大。

第一條低成本智慧製造產線

我為精實生產的理想工廠規劃了一個空中樓閣，連我都不知道是否正確或是有機會實現。但是擁有這個理想工廠的願景，我們可以用這個基礎考量精實生產的每一步是否正確。例如，為了將來要實現低成本智慧製造，買的機器要預留自動控制功能；U 型產線的設計，人與人之間要預留獨立型或協作型機器手臂的空間；產線之間要預留 AGV 通道等；加工機台上下料要預留機器手臂空間；要聘用能寫機器手臂軟體的人員；要瞭解機台內部，必須聘用機械系相關知識人員。從空間、機台、人員配置都可以做預先規劃。

2018 年 8 月 20 日至 22 日，我和美的電器幾個事業公司的工廠總經理探討低成本智慧製造，時任生活電器總經理的李國林很支持這個想法，決定嘗試低成本智慧製造是否可行，李國林總經理將任務委由工廠總經理李勇負責。

李勇把目標設定在電磁爐產線，首先先確定電磁爐產線實現及時生產，明確以價值流為綱，電磁爐生產體系的低成本自動化建立在拉動系統上，然後按照以下步驟推行：

1. 需求分析：

- 製造、研發、銷售、產銷計劃協同，明確未來 3～5 年的產品趨勢，對未來 1～2 年的銷售和型譜進行 PSI[11]梳理，選定 16 款產品，占銷售比 60% 機型。

2. 現狀調查和目標設定：

- 品質：直通率從 95.8% 到 98%。
- 效率：UPPH（units Per Hour Per Person，單位人時產能）從 20.47 到 37.5，提升 83%。
- 自動化率：從 40% 到 88%（機器人、通用設備、專業設備的配合）。
- 省人：人力從 25 人到 8 人。
- 物流升級：AGV 升級，無人化。
- 信息化：設備連線、資料可視。

3. 製程工藝研究：

- 陶瓷板等離子工藝。
- 陶瓷板接觸式加熱。
- 面蓋疊放結構。
- 支架疊放結構。
- 包材結構優化。
- 風機偏心夾緊防呆結構。

4. LCIM 線體設計

5. 品質設計：

- 新增品質自動檢測 12 項，升級 2 項。
- 引進 CCD 自動檢測技術。
- 設備自働化應用。
- PQC 2.0 應用。

6. 自動化設計

- 操作動作分析（易組裝設計＋機器人操作動作分析），專機及機器人選擇。

---

11 Production 生產、Sales 銷售、Inventory 庫存。

- 新增及升級自動化 24 項。
- 周邊匹配自動化革新（低成本的簡易輔組工裝、設備）。

7. 物流設計：

- 單件流設計。
- 容器標準化。
- AGV／MES[12]／PLC[13]互聯。

8. 資訊化設計：

- 設備連線／自動報帳。
- 設備強制保養。
- RFID 技術應用。
- 製程不良 MES 管控、關鍵資料監控。
- 物流資訊化應用。
- SCADA／MES／PLC 資訊交互。

9. 線體設計：

- 工藝流程。
- 線體 Layout。
- 投資預算。

10. 階段 KPI 達成

- 製造成本：下降 50%。
- 線體組裝人員：從 25 人縮減為 8 人。
- 倉儲物流人員：減少 11 人。
- 合計少人：28 人。
- 可以滿足 16 款電磁爐的生產（占日產量的 60%）。
- 品質直通率：從 95.8% 提升到 99.8%。
- 效率：UPPH 從 20.47 到 40，提升 95.4%。
- 持續升級和深挖：PPH 可以從 320 提升到 360；UPPH 從 20.47 到 45，提升 119.8%。

12　Manufacturing Execution System，製造執行系統。

　13　Programmable Logic Controller，可程式化邏輯控制器。

- 自動化率：從 40% 提升到 90%。
- 物流升級：AGV 升級，無人化。
- 資訊化：設備連線、資料可視（重複）。

11. 人才培育

- 理論及實操培訓。
- 師徒關係建立。
- 崗位員工技能提升。
- 大學生培訓。

12. 三化融合：

- 需求調查。
- Storyboard 編寫。
- IT 方案及概要設計。
- 硬體配套。

13. 標準沉澱

- 過程整頓改良問題庫。
- 操作規程保養細則等。
- 異常處理字典。

編號	重點／步驟	要求／輸出
	LCIM 樣板線建設：17 項規則邏輯步驟與要點	
1	3 個規則輸入分析	未來 3～5 年： 1. PSI（Production 生產、Sales 銷售、Inventory 庫存） 2. 未來工藝趨勢 3. 未來產品趨勢等
2	PQPR 分析	聚焦量大穩定的產品平台／型號，充分考慮線體稼動率、使用率等
3	現狀工藝流程盤點	分析到每一個崗位的節拍，品質要素，物流設計盤點等，說明： 1. 品質：良率、直通率、防錯 2. 產能／效率：人力、UPH、節拍、UPPH 3. 線體：外圍、總裝長度、皮帶線＋鍊板線＋工裝板＋滾筒線、升降機等 4. 設備：自動化率、設備故障率、主要痛點 5. 物流：容器、配送方式、可自動化對接、如自動上下料 6. 資訊化，如 PQC1.0 等
4	目標 KPI	1. 高階 KPI 2. 低階 KPI，或階段過程能力 KPI
5	價值流分析	1. 現況、未來價值流程圖 2. 爆炸點、階段改善目標
6	工藝研究項目	從現況工藝流程導出： 1. 要在自動化前突破的工藝研究項目，如：線圈盤與主板連接端子快速定位 2. 產品設計標準（產品結構設計工藝適應自動化變革清單，給研發端要簽訂責任書）等
7	品質設計	1. 自動化帶來的品質改善 2. QC 工程圖，品質關鍵管控點 3. QEP 地圖等
8	物流設計	1. 從價值流拉動，連續流設計，外圍（模組、單衝）→總裝，自動化→總裝的產能匹配設計 2. 物流對接配送方案（外圍→總裝、自製→件總裝），布局調整方案 3. 容器具 RFID 應用 4. POU 手邊化設計等

9	樣板線工藝流程	1. 產能／效率：人力（外圍、總裝）、UPH、節拍、UPPH 2. 線體：外圍、總裝（分段）長度 3. 佔地面積等 4. 工藝＋自動化突破，改善點 5. 要先完成每一個崗位評估清單（自動化控制系統、行程、節拍、干涉等充分評估），評審後才能要供應商出圖紙等
10	自動化	1. 自動化率：目標 2. 適應平台 3. 新增機器數量、需升級設備數量 4. 節拍風險崗位、重點瓶頸解決方案 5. 簡易自動化規則等
11	線體設計	1. 線體形式，分段，如皮帶線＋鍊板線＋工裝板＋滾筒線＋升降機等 2. Layout，分段（前段、組裝段、測試端、包裝贈品包材） 3. 線體尺寸，長、寬，預留通道等
12	資訊化	1. 目標的定性、定量目標、達成什麼效果 2. 新建線資訊化設計（全新設備標準） 3. 老線資訊化盤點（已有部分資訊化功能模塊）與設計（設備 OEE 系統、物流系統、PQC 系統、DMS 系統、生產主控系統、日常化管理系統） 4. RFID 站點及路徑等
13	精實化	1. SW、TPM、SMED、POU 2. 5S／目視化等
14	投資預算	1. 按照自動化、物流、資訊化，拆分細化到每一台設備投資回收期 2. 多種方案的預算
15	風險點	1. 行業領先，沒有參照的成功案例的工藝、自動化項目 2. 設備餘量，智能化升級迭代，改造升級風險 3. 資產閒置風險 4. 未來產品，技術趨勢變化，產品淘汰或技術轉移風險等

16	組織保障	1. 組織團隊搭建，明確職責分工 2. 運行機制，日進度通報，激勵機制，積分管理等
17	實施計劃表	1. 甘特圖（含投資招標流程、供應商的製作、調試，駐廠進度管控） 2. 計劃詳盡到日 3. 分廠層面檢討管控等

在美的生活電器第一條 LCIM 產線穩定運作之後，我們在 2019 年 6 月 13 日特別開一場會議，發表精實生產系統的最後一步，用低成本智慧製造實現理想工廠。

2019 年中，美的集團的製造單位高階經理人到日本，和日本知名企業進行 TPS 與精實生產的交流，發現日本企業也開始思考低成本智慧製造，而非工業 4.0。因為低成本智慧製造相較工業 4.0 成本低、容易實現、容易維護。唯一的不同是，企業必須先推動及時生產，運用看板作為工廠資訊流載體，才能推動低成本智慧製造。

2019 年底洗碗機製造總經理烏守保，完成第二條低成本智慧製造產線，對美的集團而言，低成本智慧製造讓製造成本降低，可以增加獲利或是降價競爭；減少人力，可以因應中國工人短缺狀況；更重要的是，很容易整廠輸出，可以快速將產線移到美國、越南、印度、中南美洲，實現全球製造在地化，降低運費、關稅等障礙。因為人力大幅減少，即使在人力成本較高的國家也能在地生產。

低成本智慧製造是全球製造業的未來。

精實生產系統的永續精神與哲學思維

精實生產是永續企業重要的經營工具，它能夠提高人類生產力與生產效率。今日人類社會的富足來自 18 世紀工業革命之後持續的生產力提升，精實生產與低成本智慧製造的運用，是生產力的終極實現，可以讓工廠實現週休三日甚至週休四日，因為只要少數人從事生產與維護工作，大家可以輪流上班，依然有高產出。

從哲學思考的角度來看，一開始，豐田喜一郎和大野耐一就定調豐田生產系統有兩大支柱，及時生產和自働化，也稱為流動改善和工程改善，及時生產在精實生產中稱為拉動，自働化在精實生產稱為暢流改善。工廠想要消除浪費，最重要的關鍵是流動改善，工程改善是在流動不順暢時協助做單一工程暢流。日後怎麼會幾乎所有 TPS 和精實生產顧問對及時生產都避之唯恐不及，這已經完全喪失精實生產的核心精神。我們現在也證明，最終讓工廠大幅度提升經營績效的是及時生產系統的導入，而非其他暢流工具。

繼續用哲學思考探索，會發現有無數 TPS 和精實生產導入失敗案例，但是這些 TPS 和精實生產顧問愈挫愈勇，繼續用錯誤方法誤導企業，而不思索是否在哪一個環節出錯，應該如何改善精實生產方法。例如，同前述，在美的電器從我手中接手精實生產工作的顧問公司大力推導 U 型生產線，結果不到兩年，多數 U 型線就因為閒置而拆除。這家顧問公司不思檢討，繼續往下一家企業招搖撞騙。

哲學方法重視推論和邏輯。有一次聽一個國內大師講精實生產，他提到許多工廠的目視化工作做不好，連男廁和女廁都標示不清。我一頭霧水，標示男女廁和工廠效率有關係嗎？這是如何推論的呢？同樣的有些顧問認為 5S 是及時生產的基礎，這是完全順序錯置。有一次我到一家國內數一數二的廚具公司，我看到他們 5S 做得很好，把滿坑滿谷的半成品庫存堆放得整整齊齊。製造副總問我看完工廠有什麼心得，我說，先做及時生產把那些庫存消除，連 5S 都可以不用做了。先消除庫存再進行整理才合乎邏輯，把庫存整理好就能達到及時生產，這是什麼邏輯？

哲學方法論的最後一件事是建立系統模型，因此，我提出從及時生產到低成本智慧製造的整體模型。一開始我只能用邏輯來結構，用推論建立

這一個架構。之後經過所有永續會[14]成員努力，終於實現低成本智慧製造的產線，驗證整體系統的正確性。

　　要實現精實生產，必須以效率為目標，以知識為基礎，不呼口號、不做很多標語、不先做好做的 5S 或目視化、不被想賺錢的顧問欺騙；而是用哲學思考方法，深入瞭解、假設、試行、驗證、再修正，並且以低成本智慧製造為燈塔，指引改善過程的每一步路。如此，就可以達到效率高、成本低、人力少、品質佳的生產工廠。

14　永續企業經營協會，成立於 2020 年台灣台中，由詹志輝顧問、前台灣神戶電池汪世堯董事長以及一群追尋永續經營的企業家共同創辦。以哲學方法論共同探索企業經營議題，致力於協助企業獲得長期競爭力，並達成永續經營與傳承的組織。

4

六標準差、
技術六標準差與
品質管理系統

在閱讀這個章節之前，讓我們先試圖回答一個小問題：

六標準差創立的初衷是什麼？
a. 達到 50% 毛利率。
b. 突破技術問題。
c. 開發新產品。

如果你毫無頭緒也不要緊，因為六標準差的創始人之一麥可·哈利（Mikel J. Harry）也是這樣想的。

本章將會講解六標準差的前世今生，並且說明要如何運用它來解決企業的技術問題。

　　2002 年 2 月，我去學習一堂陌生的課程——六標準差（Six Sigma）。課程為期兩天，完全聽不懂，可能是我笨，也或許是老師亂講一通。之後兩三年，我不斷尋找不同老師學習六標準差，但還是一直聽不懂，更糟糕的是，五個老師有五種說法；還有許多老師，尤其是學校教授，從來沒學習過六標準差，一覺醒來就自然會了，可能是某人托夢教他的。

　　我沒有死心，把書店裡所有關於六標準差的書籍買回家苦讀，可書中內容還是眾說紛紜，一人一把號、各吹各的調。後來我才知道，對於六標準差的亂象，我並非唯一疑惑者。在美國被稱為六標準差教父，六標準差的創始人之一——麥可‧哈利（Mikel J. Harry）[1]也曾經疑惑地說：「**我已經不知道現在的六標準差是什麼了？**」他指的是，美國出現一大票所謂六標準差專家，開始講授連創始人都聽不懂的六標準差。而台灣更無法避免這種狀況了。

　　後來，我終於接觸到由另一個六標準差創始人史蒂芬‧金克拉夫（Stephen Zinkgraf）博士所創立的美國第二大六標準差顧問公司 SBTI（Sigma Breakthrough Technologies Inc.）。那之後我才知道台灣六標準差界少的是學習正統六標準差的人，而此最終導致兩岸的六標差活動自 2000 年至 2010 年間被推動得沸沸揚揚，可最終以成效不彰、無疾而終收場。

1　統計學家、品質專家和作家，其開發之「邏輯過濾器」（Logic filters）為六標準差之前身。

六標準差的前世今生

二次大戰之後，麥克阿瑟（Douglas MacArthur）託管日本；韓戰期間，為支援韓戰需要的軍需品生產，麥克阿瑟致力於恢復日本的企業生產力。在此之前，美國政府派遣戴明博士（William Edwards Deming）到日本協助人口普查，他同時受日本科學家和工程師協會的邀請，在日本工業界講授統計過程控制、全面品質管理以及持續改善等理念。1951 年，日本科學家和品質工程師協會將年度品質獎命名為戴明獎，裕仁天皇也在1956 年授予戴明博士二等珍寶獎。

雖然戴明博士在日本也教統計方法，但他很快就發覺光教統計，品質管制可能會犯了以往美國企業界所犯過的錯誤，因此他修正計劃，改向企業的經營者灌輸品質經營的理念及重要性。此舉使日本早期的經營者幾乎都見過戴明博士且受教於他，並實踐戴明博士的品質經營理念，因此奠定日本的全面品質管制（Total Quality Control，TQC）和全公司品質管制（Company-Wide Quality Control，CWQC）[2]的基礎。

戴明博士的 14 項原則如下：

(1) 建立持之以恆地改進產品和服務目標：企業組織必須有長期的品質目標，並藉以提高產品與服務的品質。

(2) 採用新的觀念（考慮應對競爭和思想變革的困難性）：企業組織應採用新的經營哲學與理念，並透過溝通、管理與制度運作，建立所有員工對品質的共識。

(3) 停止依靠大規模檢查去獲得好品質：最終檢驗無法提升品質，改善品質應最根本做起。

(4) 結束只以價格為基礎的採購習慣，而是基於總體成本減少供應商數量：應慎選供應商，購買高品質的材料與零組件，而非以價格作為供應商遴選基礎。

(5) 持之以恆地改進生產和服務系統的每一個過程，使用統計過程控制技術：持續不斷地改善生產與服務系統。

2　由石川馨（Koaru Iskikawa）提出。

(6) 實行崗位職能培訓：不斷地對員工實施教育訓練，促使其做對的事情。

(7) 建立領導力：管理者應建立領導風格，致力於消除妨礙生產效率的各種有形與無形的因素。

(8) 消除恐懼：管理者協助員工面對問題，排除恐懼。不應該讓員工單獨面對問題。

(9) 打破部門之間的障礙：管理者應建立部門間的溝通管道，掃除部門間的障礙，為改善品質而努力。

(10) 取消對員工的標語訓詞和告誡：管理者應對改善品質身體力行，而不是一直向員工喊口號、訓誡或訂目標。

(11) 以領導力代替定額管理和目標管理：要以優秀的領導達成工作要求，而不是以數字為目標。

(12) 消除影響員工工作自豪感的一切障礙：讚揚員工的工作績效，使他們以工作為榮。

(13) 鼓勵學習和自我提高：擬定員工教育訓練與自我改進計劃。

(14) 採取行動，實現轉變：企業組織內的每一個人都應參與品質活動，以促成其工作態度的轉變。

光看這些原則，實在很難想像它們可以改變企業的生產品質，這些原則更像品質哲學而非品質方法；在邏輯上這些原則和品質管理沒有直接關係。事實是，這些原則提供日本企業方向，而且和戴明博士溝通的皆為日本企業的社長，這些社長相信且要求員工採用這些原則以及其他戴明博士教導的方法，這使得日本企業產生根本的改變。

日本企業有一個和其他國家完全不同的經營環境——「終身僱用」[3]文化。日本的大型企業只招募剛從大學或研究所畢業的學生，然後給予終

3　1958 年詹姆斯・克里斯蒂安・阿貝格倫（J. C. Abegglen）在《日本經營》一書中提出「終身僱用制度」（Lifetime Commitment）一詞，其中定義員工自學校畢業後進入公司任職，直到退休為止，公司不會以沒有效率或不適任等理由解僱員工，但相對的，表現不佳的員工即使薪資再低也不會轉職到薪資更高的公司職位。

身僱用。一位進入日本大型企業的大學畢業生必須在企業中盡忠職守、力爭上游。試想，若你 25 歲時在企業中犯了錯誤，這個紀錄會跟著你一直到退休，因此，日本大型企業員工總是兢兢業業，而一位在大型企業離職的員工只能到中小型企業找工作。2012 年，日本朝日人壽保險公司整理的一份調查資料表明，整體而言，日本人調動工作後的年均收入和終生收入不是增加，而是減少，減少程度因年齡而異。25 歲左右的人在工作調動後，年均工資約減少 70～80 萬日元，而 35 歲左右的人調轉後，年均收入減少程度為 150～200 萬日元。調動工作後收入不受影響者，僅限於兩種情況：一種是年輕且有特殊技能，因特聘而調轉者；二是由平均收入低的行業（如傳統製造業）轉向平均收入高的行業（如金融業、保險業等）。但是 35 歲以後轉行的，其終生收入沒有一個不是減少的。因此，只要企業沒有倒閉，35 歲以上的職工一般不再思遷。在同期間的另一個調查發現，88% 的日本人希望待在現在的企業直至退休。因為日本員工盡忠職守的態度，戴明博士的方法能指引這群努力的員工改善品質的方向，可以說，戴明博士的方法正好適合日本的企業文化，然而這 14 項原則卻不一定適用於其他環境。

1960 年代，日本企業開始把便宜的電器和家電製品外銷到美國。1968 年，豐田汽車出口 Corolla 汽車到美國。一開始，美國人對這些日本製品嗤之以鼻，之後卻發現這些日本產品價格便宜、品質優異，優於美國製造的電器與家電產品，一下子便攻佔大片美國市場。美國企業節節敗退之際，傅高義（Ezra Feivel Vogel）於 1979 年發表了《日本第一：對美國的啟示》一書，他以社會學研究方法分析日本的成功案例，向製造業發展開始趨緩的美國提出警訊。1980 年，美國各界為企業競爭力衰退尋找解方，美國國家廣播公司（NBC）在紐約的一間地下室採訪戴明博士之後，製作一檔電視節目「日本能，為什麼美國不能」，轟動美國企業界！一時之間，美國企業開始找尋日本企業品質改善的神奇秘方，希望能學習日本企業同時保持低成本和高品質的方法。

美國企業重新看待戴明博士這位神奇人物，請戴明博士指導美國企業，但是戴明博士對美國企業的幫助有限。整個 1980 年代，三大汽車公司的品質依然問題重重，哈雷機車依然掉螺絲、卡特彼勒（Caterpillar

Inc.）[4]和康明斯（Cummins Inc.）[5]依舊故障頻繁──換言之，戴明博士的方法在美國企業水土不服。在美國，員工沒有像日本員工一樣的忠誠度，因此有一定的離職率，無法長期累積更多專業知識。此外，美國員工也不太吃教條主義這套，因此戴明博士和相關的全面品質管理（Total Quality Management，TQM）活動未能在美國取得與日本一樣的成效。

　　1979 年，摩托羅拉公司（Motorola Inc.）突然發現它無法在消費產品市場跟日本企業競爭，在高階經理人會議上（Annual officer's meeting），最賺錢的銷售經理亞瑟・桑德里（Arthur Sundry）[6]大聲疾呼：「我來告訴你們這家公司有什麼問題……我們的品質差到令人髮指！」（I'll tell you what's wrong with this company... our quality stinks!）。在 1970 年代，一家日本公司在美國收購摩托羅拉的電視機廠，一年時間內，將工廠的缺陷率降低了 100 倍。和日本人相比，摩托羅拉在品質管理上根本不堪一擊，當年摩托羅拉的產品品質慘不忍睹。

　　在桑德里登高一呼之後，摩托羅拉開始啟動一連串的品質變革。1982 年，摩托羅拉的工程師麥可・哈利（Mikel Harry）開始對科學數據驅動的問題解決系統進行深入研究，並隨後將這個整合了數據和科學的解決方法稱作「邏輯過濾器」（Logic Filters）（圖 4-1）[7]──這即是六標準差的前身，在技術邏輯的推理中，以統計方法來檢驗推理的正確性。

　　摩托羅拉持續研究品質改善的方法，1985 年，摩托羅拉的比爾・史密斯（Bill Smith）正式把這個方法命名為六標準差。比爾・史密斯會如此命名是因為他認為，如果要讓新產品可以達到 50% 的毛利，不良率要達到 3.4 個 ppm 才可以；摩托羅拉的工程師們一直認為，長期製程能力會偏移 1.5 個標準差；如果要達到 3.4 個 ppm 是 4.5 個標準差加上 1.5 的標準差，也就是六標準差。因為 4.5 個標準差是 6.8 個 ppm，可是在六標準差的範圍中，偏移只會造成一邊不良，所以是 3.4 個 ppm。後來很多人

4　美國重型工業設備製造公司。

5　美國柴油引擎製造公司。

6　又稱 Art Sundry。

7　詳見麥可・哈利紀念網站，https://www.mikeljharry.com/milestones.php

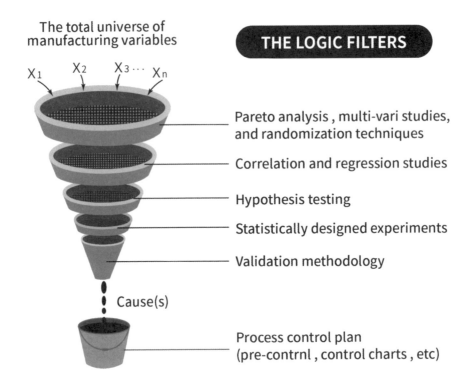

圖 4-1 |　　邏輯過濾器（Logic Filters）示意圖。

以為六標準差是指統計目標，其實是為了讓毛利提升 50% 的目標。

六標準差的成功讓摩托羅拉的品質扶搖直上，徹底改善原來的弊病。1991 至 1994 年間，摩托羅拉客戶服務部和品質管理部的副總理查‧施洛德（Rick Osterloh）就任瑞士-瑞典跨國公司 ABB[8] 品質副總，開始在 ABB 推動六標準差。1994 年，理查‧施洛德再度跳槽到聯合訊號（Allied Signal）[9]任職營運副總裁，和大名鼎鼎的執行長賴利‧包熙迪（Larry Bossidy）開始推動六標準差，他們也延攬摩托羅拉負責結合工程與統計的史蒂芬‧金克拉夫（Stephen Zinkgraf）博士加入聯合訊號公司擔任營運總監。1995 年，包熙迪將六標準差介紹給奇異的執行長傑克‧威爾許（Jack Welch Jr.），奇異開始導入六標準差。

在傑克‧威爾許開始推動六標準差之後，六標準差聲名遠播、開枝散葉，成為美國企業重要製程改善工具。許多美國和歐洲企業相繼引入六標準差，包含卡特彼勒、康明斯、希捷、哈雷、杜邦、柯達、IBM、西門子、飛利浦等，亞洲率先導入的是三星電子，這些企業的品質水準的確有顯著改善，最重要的是成本沒有上升。而日本企業雖然維持品質優異，但是隨著員工薪資成長以及終身僱用制的費用高漲，日本產品的價格不再低廉，雪上加霜的是美國政府要求日幣升值，讓日本產品喪失價格競爭力。1990 年代之後，美國企業把產品外包到中國，成本再度降低；在成本降低、品質提升之後，美國企業再度展現競爭力，在全球市場重新搶回領地。

美國企業這一波的品質改善與競爭力提升，六標準差可謂功不可沒，但是之後六標準差的發展每況愈下。首先，市面上充斥著山寨版六標準差，大家根本不知道自己在學什麼；麥可‧哈利和理查‧施洛德都不甘只把六標準差用在製程改善，積極的把六標準差拓展到其他領域，像是研發新產品、策略、事務流程、精實生產等，但是基本上都沒有成功。之後麥可‧哈利和理查‧施洛德開始強調六標準差的文化面，更是毫無成效。更

8　瑞典布朗-博韋里（Asea Brown Boveri，ABB）是一家總部在瑞士蘇黎世的瑞士-瑞典的跨國公司，經營範圍主要為機器人、電機、能源、自動化等領域。

9　聯信（AlliedSignal）是通過 1985 年 Allied Corp.和 Signal Companies 合併創建的美國航空、汽車和工程公司。

糟糕的是，2008 年金融風暴，奇異資融暴露了財務風險，大家發現傑克・威爾許在奇異的財務成就有許多來自奇異資融的風險操作，而非來自六標準差，更是讓六標準差從神壇摔落。

　　就這樣，從 1985 年到今日，六標準差從雲端跌至泥坑，成為落水狗。

六標準差是什麼？

　　六標準差究竟是如前人所信奉的無敵方法，抑或是如今被認為的無用方法呢？如果六標準差曾經協助這麼多企業改善品質，就不能簡單否定六標準差。因此，這件事情還值得深入研究。而想瞭解六標準差，必須把時間倒退回 1985 年，當年，比爾・史密斯、麥可・哈利和理查・施洛德他們到底發現什麼？

　　六標準差有兩個核心，一個是六標準差路徑（Roadmap），就是傳統說的 DMAIC；第二個是統計工具，包含敘述統計、量測系統分析、推論統計和實驗設計方法（Design of Experiment，DOE）。

　　DMAIC 來自美國學界傳統的科學方法論（Science Methodology），科學方法論的步驟是，提出問題、背景資料研究、建立假設、執行實驗驗證、分析數據、輸出報告。麥可・哈利把這個過程改成 DMAIC，也就是：

- Define 定義：提出問題。
- Measure 量測：背景資料研究。
- Analyze 分析：建立假設。
- Improve 改善：實驗驗證、分析與輸出報告。
- Control 控制：固化改善成果。

　　將統計工具嵌入 DMAIC 路徑，在量測階段嵌入敘述統計和量測系統分析，分析階段嵌入推論統計工具，設計階段嵌入實驗設計方法，控制階段嵌入統計製程管制方法。用統計過濾邏輯方法，這就是為什麼麥可・哈利在 1982 年把他研究的方法稱為「邏輯過濾器」（Logic Filters）。

六標準差的關鍵概念

布萊恩・考克斯（Brian Cox）與傑夫・福修（Jeff Forshaw）兩位粒子物理學教授提到：「自然法則確實存在，事物的運作中存在著秩序，而最好的表達方式是數學。」——用數學表達物理是多數物理學家的共識。

1915 年，愛因斯坦在構思廣義相對論時不知道如何計算曲面幾何的細節，他去找大衛・希爾伯特（David Hilbert，1862～1943）討論，兩人見面不久後的 11 月 20 日，希爾伯特送出一篇論文《物理學的基礎》給哥廷根的科學期刊，其中有廣義相對論的公式。11 月 25 日，愛因斯坦提出廣義相對論的公式。至此，廣義相對論才算完備。在希爾伯特發表廣義相對論公式時，愛因斯坦很緊張，因為，如此一來廣義相對論算誰的呢？幸好希爾伯特很快發表一篇聲明，「就我來看，這個重力微分方程式的結果和愛因斯坦宏偉的廣義相對論是一致的。是愛因斯坦做出這項研究，而不是數學家。」希爾伯特把成就歸給愛因斯坦，化解愛因斯坦的緊張。

此時在德國東戰場的卡爾・史瓦西（Karl Schwarzschild，1873～1916）拿到愛因斯坦廣義相對論公式，他利用球對稱首次求出愛因斯坦場方程式的精確解。他分別求得了由均一流體構成的非自轉球形天體的內部解，以及球對稱天體周圍空間中的外部解（史瓦西解，Schwarzschild metric）（圖 4-2）。史瓦西所求出的解是愛因斯坦場方程式（Einstein field equations）的第一個結果。這個計算發現物質和光線通過一個界限（事件視界，event horizon[10]）後就無法回頭，界限內是大質量的空間。在 104 年後的 2019 年 4 月 10 日，人類才發表了史瓦西用數學所推斷出的空間的首張照片——黑洞。

這一段故事給我們三個啟示：

一、用數學表達物理可以讓我們看清楚物理；

二、用數學表達物理可以做延伸運算和預測，如同史瓦西一樣；

三、解決問題的是物理學家，不是數學家。

---

10 廣義相對論將黑洞描述為一個質量大到附近的物質或輻射無法逃離其重力場的天體。一旦過了事件視界，沒有粒子可以脫離，就連光也不能脫逃黑洞。

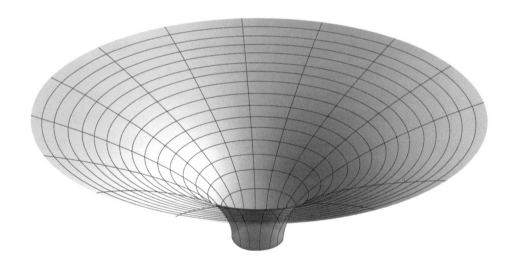

圖 4-2 ｜　　史瓦西求得的黑洞球型解。

第一點是六標準差的關鍵要素，**用數學描述物理**。但是六標準差的研究對象不是物理，是製造工程，物理不容許任何誤差，工廠現場卻充滿噪音。因此，必須用可以容許噪音的數學分支——統計，來描述製造工程。所以，六標準差第一個關鍵是，**用統計描述製造工程**。這樣的做法可以讓我們看到許多看不見的現象，例如機器內部狀況、製程中的變異等，使我們可以更全面掌握製程。

第二點，使用統計來描述製造工程可以延伸運算和預測，知道製程改善的方向。

第三點，用統計協助製程專業，而非相反。許多山寨六標準差的顧問認為，學會六標準差就能改善製程，這是無稽之談。關鍵是製造工程的專業知識和統計需整合才能展現威力。沒有專業知識，只有統計工具和 DMAIC 路徑是沒有用的。正因為統計有一定的誤差度，專業知識對統計結果的判讀才至關重要。

六標準差的應用與限制

如此一來，當我們重新用哲學方法論研究六標準差，會發現六標準差是非常有用的，可以讓我們看到隱藏的製程狀況，協助我們找到影響製程的關鍵因子，也可以找到影響製程因子之間的函數關係，妥善控制製程，製造出品質良好的產品。

六標準差最好運用的地方是製造工廠，因為在工廠能以統計來描述製造工程。離開製造工程，六標準差工具就沒這麼適用。後來，六標準差顧問公司為了擴大服務範圍，發展了專注在改善非製造流程的 Transactional Six Sigma 以及專注在產品設計的設計六標準差（Design for Six Sigma，DFSS），但是兩者皆未受到業界重視，也未取得顯著成效。

六標準差的內容 DMAIC

定義階段 Define

定義階段就是確認專案項目，這個階段在摩托羅拉時是沒有的，到後來六標準差以專案項目為推動基礎才產生的。

定義階段要填寫專案項目定義表，內容包含：專案目的、問題陳述、

財務利益、衡量指標、非財務利益、專案範疇、里程碑、專案的挑戰、所需資源、專案成員、指導的黑帶大師[11]、管理的倡導者（Champion）[12]。

　　雖然定義階段很簡單，但還是有一點重要性，因為在此階段可釐清諸多問題，例如，專案費用和效益是否符合投資報酬率、倡導者是否可以協助跨部門整合、專案的問題陳述是否嚴重到必須用六標準差處理、有什麼樣的困難、為什麼以前不改善等等。釐清這些問題，有助於之後專案項目的進展。

量測階段 Measure

　　量測階段會先做製造流程圖（Process Map），擴大搜尋可能影響製程品質，因此影響輸出參數（y，例如麵包硬度）的因子（x，例如使用的麵粉），這一階段稱為發散因子；之後用因果矩陣（C & E Matrix）收斂因

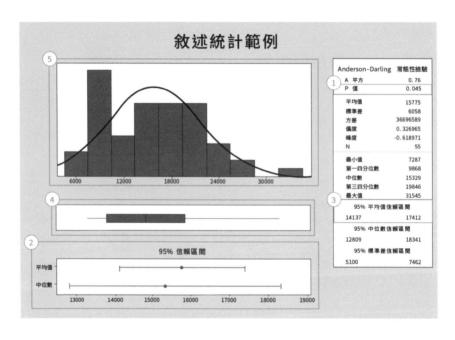

圖 4-3 | 　　敘述統計之圖形化匯總範例。

子，將可能因子縮減到 10 個以內。先鎖定這 10 個以內的因子，從失效現象判斷這 10 個因子造成失效的可能性，並且用專業和經驗推論這些因子的重要性，之後針對這些因子進行敘述統計和量測系統分析。

敘述統計部分會分析的資料：

(1) 常態 p 值：分析輸入條件是否有差異。

(2) 平均值和中位數差異分析：分析輸入或產出是否有單邊偏移現象。

(3) 平均值信賴區間：分析數據是否有中心偏移現象。

(4) 箱型圖：分析是否有以中位數為中心的離群值，以及瞭解分布狀況。

(5) 直方圖：瞭解實際分布與常態預估的差異（圖 4-3）。

(6) 聚類性：分析是否有間歇性的條件變異。

(7) 混合性：分析是否有兩種輸入條件。

(8) 振動性：分析輸入或產出是否持續變異。

(9) 趨勢性：分析輸入或產出是否有趨勢性（圖 4-4）。

(10) 特殊變異 I-MR chart[13]：分析輸入或產出是否有特殊變異（通常為偶發的獨立事件）（圖 4-5）。

(11) Cp[14] 和 Cpk[15]：分析整體製造能力（圖 4-6）。

(12) 實測性能、預期組內性能、預期整體性能：預估不良率。

妥善運用這些統計數據能建立整個製程資訊，一方面重新確認之前選擇的關鍵因子是否正確，另一方面發現是否有其他可能的影響因子。

13　Individuals and moving range charts，個別移動全距管制圖。

14　Capability of Precision，製程精密度，描述製程的能力。

15　Capability of Process，製程能力指數，描述製成的能力與置中性，也就是數據集中的程度。

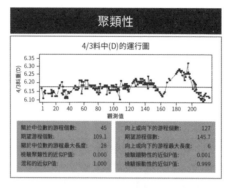

聚類性

4/3料中(D)的運行圖

關於中位數的游程個數：	45	向上或向下的游程個數：	127
期望游程個數：	109.1	期望游程個數：	145.7
關於中位數的游程最大長度：	28	向上或向下的游程最大長度：	6
檢驗聚類性的近似P值：	0.000	檢驗趨勢性的近似P值：	0.001
混和的近似P值：	1.000	檢驗振動性的近似P值：	0.999

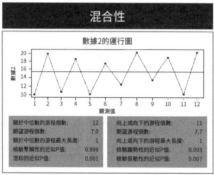

混合性

數據2的運行圖

關於中位數的游程個數：	12	向上或向下的游程個數：	11
期望游程個數：	7.0	期望游程個數：	7.7
關於中位數的游程最大長度：	1	向上或向下的游程最大長度：	1
檢驗聚類性的近似P值：	0.999	檢驗趨勢性的近似P值：	0.993
混和的近似P值：	0.001	檢驗振動性的近似P值：	0.007

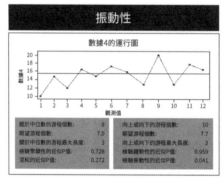

振動性

數據4的運行圖

關於中位數的游程個數：	8	向上或向下的游程個數：	10
期望游程個數：	7.0	期望游程個數：	7.7
關於中位數的游程最大長度：	3	向上或向下的游程最大長度：	2
檢驗聚類性的近似P值：	0.728	檢驗趨勢性的近似P值：	0.959
混和的近似P值：	0.272	檢驗振動性的近似P值：	0.041

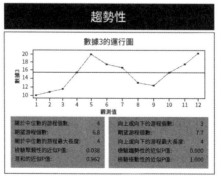

趨勢性

數據3的運行圖

關於中位數的游程個數：	4	向上或向下的游程個數：	3
期望游程個數：	6.8	期望游程個數：	7.7
關於中位數的游程最大長度：	4	向上或向下的游程最大長度：	4
檢驗聚類性的近似P值：	0.038	檢驗趨勢性的近似P值：	0.000
混和的近似P值：	0.962	檢驗振動性的近似P值：	1.000

圖4-4｜　　　四張運行圖範例。

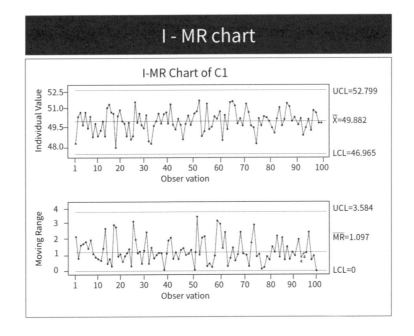

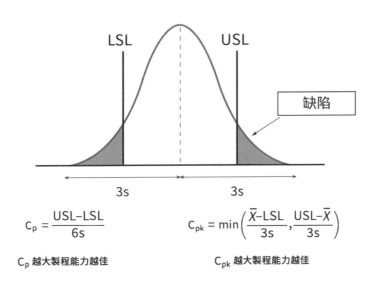

$$C_p = \frac{USL-LSL}{6s}$$

$$C_{pk} = \min\left(\frac{\overline{X}-LSL}{3s}, \frac{USL-\overline{X}}{3s}\right)$$

C_p 越大製程能力越佳

C_{pk} 越大製程能力越佳

圖 4-5 | I-MR chart 範例（上）。

圖 4-6 | 製程能力分析範例（下）。

當我們用敘述統計觀察工廠，能發現許多原來看不到的現象。例如，當一個 y 的數據不常態，代表輸入的 x 條件已經發生變化。當一批材料的平均值信賴區間（Confidence interval）不包含規格中心值，代表材料尺寸偏移，如果有多個材料進行組合，就可能產生較大的組合公差；當某個 y 值具有混合性，代表可能有兩種不同材料、參數或設備特性混在一起。這些都不是用單一材料數據或外觀可以看到的，甚至在現場也無法觀察。

針對每一個被量測的數據，必須先校準測量工具，或確認其已被校準。量具確認校準之後可以做 Gauge Repeatability and Reproducibility（GR&R）[16]和 P/T Ratio[17]分析，確認量測系統沒問題，以保證敘述統計的數值有效力。許多六標準差專案項目在執行量測階段就能解決問題了。

量測階段的邏輯工具和統計工具都不困難，接下來我們將會介紹數個成功應用案例，但是實際上在台灣沒有什麼人會用，這是我一直覺得奇怪的地方，這或許能被歸因於台灣的數學與統計教育無法轉換至實際工作。

在中國鋁業，一位工廠副總發現他們的一個輸出參數（y）聚類性 p 值顯著，這代表他們的品質有持續的變異，一批產品參數高，另一批低，每天重複循環。因為高與低參數都符合規格，所以沒有人注意到這一點。但是，這會影響產品一致性，讓顧客的鋁製品品質不一致。工廠副總追蹤聚類性產生斷點的時間，深入調查後才發現，原來日班和夜班主管有自己的操作習慣，所以他們每天交接班的第一件事情，就是調整上一班的製程參數為自己習慣用的參數，這就導致了日班和夜班做出來的鋁成品品質不一致。他們多年未發現的問題，一個敘述統計數據就看到差異了。

有一次，我們在看一台雙螺桿擠壓機，這台機器擠壓出來的產品重量數據非常態，而且有聚類性。我們覺得很奇怪，這是一台歐洲製造的機台，是工廠內同型機台價格最高的，竟然數據最差。後來請供應商來進行拆機大修才發現，原來機器始終沒有保養，內部螺桿已經磨損過多，而且

---

16 運用六標準差的計算來評定量測系統的重複性（Repeatability）與再現性（Reproducibility）的重要工具。主要目的為評估機械尺寸量測系統及量測人員是否符合實際使用上的精度需求。

17 精密度與允差比（Precision-to-Tolerance Ratio，P/T）是衡量量測系統能力的常用標準。

磨損不均勻，導致重量數據有聚類性和非常態。由此可見，我們無法瞭解機器內部狀況時，敘述統計可以輕易幫我們解決問題。

還有一次，我們量測一台機台做出的成品精度，發現混合性 p 值顯著。這台機台每次加工可以同時放進兩個工件，簡單量測果然發現，兩個工件的治具尺寸明顯有偏差。這些案例不勝枚舉，我們曾經只用敘述統計就改善了一家齒輪公司一款長期有 6% 不良率的齒輪，或是運用六標準差 M 階段的敘述統計，就幫助解決幾十個品質不良案例，其中有些案例還是該公司超過五年都解不開的品質問題。事實勝於雄辯，六標準差在解決工廠製程問題相當有效，無效的是那些學不會還自我概念過高的人，以及被山寨六標準差騙得團團轉的可憐蟲（我也曾是其中一員）。

到了 2000 年之後，麥可‧哈利和理查‧施洛德想用六標準差包山包海，解決企業內所有問題。馬斯洛（Abraham Maslow）曾說過，給小孩子一個榔頭，他就會覺得每一件東西都需要被敲一下。簡單的說，想用六標準差解決企業內部所有問題，就像想用一根大木頭製造書桌，卻認為只要一根螺絲起子就能完成任務，絕對是緣木求魚，徒勞無功。六標準差這把螺絲起子，只在它擅長的地方發揮功效。讓六標準差專注在解決擅長的任務——**解決製程品質問題**，成效絕對會讓你驚艷。

分析階段 Analyze

在做完敘述統計的資料分析之後，可能會造成品質異常的因子被收斂。接下來會用失效模式與效應分析（Failure Modes and Effects Analysis，FMEA）（圖 4-7）針對這些因子進行分析，如果這些因子的錯誤原因是已知的，只是因為控制不善造成品質異常，就直接加強控制來改善，或是用防錯方法（Mistake Proofing 或稱 Poka-Yoke）來避免錯誤再發。

分析								計畫			成效			
製程功能	潛在失效模式	潛在失效影響	嚴重性(S)	潛在失效原因	發生性(O)	當前製程管制	偵測性(D)	RPN	建議改善行動	負責人員	實際改善行動	S	O	D	R

圖 4-7 ｜　　　 PFMEA 表格。

如果用 FMEA 分析之後依然無法確認真正的關鍵因子，或是知道因子卻不知道發生錯誤的因素，就會開始進行推論（Infer）與假設（Hypothesize），透過推論猜想哪些是引起品質不良的因子因素。在這裡 FMEA 及 Poka-Yoke 會被組合使用，而非單獨使用，這是六標準差另一個特色，把許多工具組合使用，各司其職，以發揮最大的綜合效益。

如果無法確認哪一些因子才是真正的關鍵因子，接著就會執行一個六標準差在分析階段特別的研究方法——多變量研究（Multiple Variables Study，MVS）。多變量研究是由我在 2007 年引進兩岸企業，因為教授山寨版六標準差老師根本不知道這個重要方法。

多變量研究不同於實驗，實驗是離開工廠研究，但是離開工廠的研究往往沒有存在於工廠的製程噪音，會讓實驗數據與真實情況不吻合。正確的多變量研究是在工廠運作中進行，最重要的是，多變量研究不會產生額外成本，不會做出實驗產品，工廠也不用停線停工，因此，操作成本相當低，而效果卻非常好。

執行多變量研究必須先確認要研究的輸出參數（y's）和影響因子（x's），找出這些資料要在哪裡蒐集和量測，然後安排現場人員和研究人員，如果產線是 24 小時生產，研究人員也必須 24 小時輪班。執行前必須先和現場人員溝通所有標準化動作和標準化參數，確保所有輸入都是合格的。現場人員經常不會輸入公差的界限[18]，而是會輸入有他們認為較佳的參數區段，這個稱為「最佳輸入參數區間」（Best Guess），多變量研究會要求以最佳輸入參數區間輸入。

確定最佳輸入參數區間之後，研究人員必須在現場觀察作業人員作業，確保作業符合標準化要求。並且觀察量測人員的量測手法，確保輸出輸入的資料被正確記錄。有時，某些輸入或輸出參數不一定會被量測，也可能由研究人員自行量測。根據我們需要的資料數量，決定研究區間，並且決定抽樣間隔時間以及抽樣數量。當資料蒐集完畢後，開始進行資料分析。

18　假設根據 ISO，一機器可容許的輸入溫度為華氏 1,200～1,800 度，但員工為了某產品調整參數時，可能只在華氏 1,300～1,400 度之間調整，不會使用 1,800 度或 1,200 度。

　　多變量研究的資料分析還是從敘述統計開始，先分析輸出參數（y's）的製程能力。有時可能會發生一種情況，當針對一段製程進行製程研究時，代表這一段製程有品質不穩定的狀況。但是在進行多變量研究時，有時所有的 y 都會呈現合格，甚至優異。這種情況代表，之前的品質不穩定可能源自於現場管理不佳。因為進行多變量研究時會嚴格確認現場作業，品質異常就自動消失了。

　　除去上述狀況，我們可以從敘述統計看到 y 的狀況，從敘述統計呈現的數值解讀現場狀況，有時可以看到現場長期沒有注意的點，進而解決問題。如果敘述統計也無法解決問題，我們就會進入**推論統計**。

　　推論統計分析有四個統計工具（圖 4-8）：

　　1.　變異數分析或稱方差分析（Analysis of Variance，ANOVA）[19]：ANOVA 是很好的分析工具，進行 ANOVA 分析的步驟是分析穩定性、分析分布形狀、比較標準差、分析 p 值、f 值[20]、R^2 值[21]，分析平均值信賴區間的比較，解讀箱型圖和點圖。ANOVA 可以判斷離散型 x 和連續型 y 的相關性。

　　2.　迴歸分析（Regression）和多元迴歸分析（Multiple Regression）：分析連續型 x 和連續型 y 的相關性。

　　3.　卡方檢定（Chi Square Test）：分析離散型 x 和離散型 y 的相關性。

　　4.　邏輯迴歸（Logistical Regression）和多元邏輯迴歸（Multiple Logistical Regression）：分析連續型 x 和離散型 y 的相關性。

19　在此我們只使用 One-way ANOVA。

20　反映組間變異與組內變異。

21　反映整體分布重疊度。

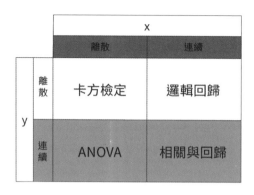

		x	
		離散	連續
y	離散	卡方檢定	邏輯回歸
	連續	ANOVA	相關與回歸

圖 4-8 │　　多變量研究。

　　四個推論統計工具會釐清所有 x 和 y 的相關性，確認推論產生的假設是 H_0 或 H_a，確認完和 y 相關的 x，確認關鍵因子，就可以改變這些 x，以改善生產品質。超過一半的六標準差專案項目會在這個階段結束，但如果知道關鍵因子，卻不知道關鍵因子的最佳輸入參數區間，那麼就會進入下一個改善階段。

　　整體多變量研究的步驟如下：

　　(1) 流程以最佳輸入參數區間來設定，並記錄關鍵輸入變數（Key Process Input Variable，KPIV）。

　　(2) 找到創建合理子群[22]的方法。

　　(3) 使產品短期運行一段時間，均勻化外部噪音（儘可能消除外部噪音造成的差異）。

　　(4) 目標是大約在 30 個時間點[23]收集資料。

　　(5) 團隊仔細地觀察流程，並記錄大量的筆記。

　　(6) 測量並記錄關鍵流程輸出變數（Key Process Output Variable，

22　ANOVA 的 x 值為非連續性的，因此需要將數據分群。比如分析三個作業員的噴漆厚度是否一致時，就會有三個子群。

23　在工廠實際蒐集數據時，按時蒐集數據便已經是隨機數據，若有溫差等環境噪音，則另當別論。

KPOV）。

(7) 進行敘述統計分析。

(8) 進行推論統計分析。

我第一次學習 ANOVA 時老師教了一整天，解釋著計算方式，但學完計算方法的幾天之後我就全忘了。因為往後都是使用軟體計算，不會沒事自己手算。下課時，我開車載老師回飯店，在車上我詢問老師：「ANOVA 計算完畢後，結果就依據 p 值進行判斷嗎？」老師回答：「是。」這是荒謬的錯誤答案。製程有噪音、統計有誤差，所以，統計結論 p 值只是參考。更何況美國統計協會（American Statistical Association，ASA）對於 p 值有一些重要建議：

(1) p 值可以指出數據與指定統計模型的不兼容性。

(2) p 值不能衡量所研究的假設是真實的概率，或者數據是由隨機偶然產生的概率。

(3) 科學的結論和商業或政策決定不應僅僅基於 p 值是否超過特定閾值。

(4) 正確的推斷需要全面的報告和解析。

(5) p 值或統計顯著性不能衡量效果的大小或結果的重要性。

(6) p 值本身並不能提供關於模型或假設的很好的證據。

我後來知道，必須用所有統計線索結合工廠工程現象，才能判斷較為正確的答案，絕不可以只以統計 p 值為判斷依據。**只有可以被工程現象解釋的統計分析結果才是有價值的。**學會多變量研究的十幾年來，我們已經有無數次成功運用多變量研究解決問題的經驗。

河南省的一家製藥企業，他們不知道製程中什麼條件出錯，導致藥物變質。我們花兩天做完多變量研究，找出一個顯著條件，調整完參數後再也沒有變質的產品。為此，製藥老闆還特地擺桌請客。

在天津安培企業，我們則是用多變量研究解決鉛酸蓄電池隔板滲透率的問題，因為現場為 24 小時生產，所以製程工程師在 24 小時後蒐集完資料，很快便發現關鍵因子了。

在湖南湘潭鋼鐵，製作錳合金鋼的過程中，有錳含量不穩定的問題，

如同上述，做完多變量研究之後也找出造成錳含量不穩定的關鍵因子。

多變量研究的低成本讓研究變得容易，但是多變量研究方法並非萬靈丹。若現場數據很少，便無法蒐集資料執行多變量研究。有其他許多多變量研究的敘述統計一團亂，或是所有因果檢驗都不顯著，這是因為製程中，有太多沒被控制的因子對其產生極大的影響。不管如何，多變量研究的數據都是分析工程製程的重要線索，而且還是有很大的機會可以找到影響品質的關鍵因子。

改善階段 Improve

如果需要找尋多變量研究中確認的重要因子的最佳參數，就可以進入改善階段。改善階段的主要工具是實驗設計法（Design of Experiment，DOE）。

DOE 的創始人羅納德・愛爾默・費雪爵士（Sir Ronald Aylmer Fisher，1890～1962），是位英國統計學家、演化生物學家與遺傳學家，他是現代統計學與現代演化論的奠基者之一。安德斯・哈爾德稱他是「一位幾乎獨自建立現代統計科學的天才」。1925 年，他的第一本書《研究者的統計方法》（Statistical Methods for Research Workers）出版。於 1935 年，延續該書的《實驗設計》（The Design of Experiments）出版。兩本書建立了實驗設計法的基礎。

DOE 在業界鮮少被運用，這是因為在 1980 年代以前的 DOE，主要由統計學教授教導，學習目標是學會用紙筆和簡單的計算工具計算實驗設計結果。雖然現在離 1980 年代已經過了 40 年，台灣學界依然如此教導實驗設計。多數學習者最終只學會如何計算實驗設計結果，不知道如何使用此一方法改善製程技術。這樣的狀況使得費雪的實驗設計一直得不到正確的運用。

DOE 和前面的敘述統計以及推論統計一樣，必須整合製造工程與統計，只懂用統計方法計算實驗設計結果的做法，對品質改善沒有太大的助益。

六標準差用的實驗設計法主要有四種：部分因子實驗設計法、全因子實驗設計法、演化實驗設計和反應曲面方法論（Response Surface Methodology，RSM）。DOE 的預備工作是規劃實驗矩陣，實驗矩陣主要

是設計因子和因子的配置，減少共線[24]的可能性，這個小任務交給軟體即可。

　　接下來要規劃實驗次數。此時會有兩個狀況。狀況一，你已經在產線做過多變量研究，所以知道哪些因子是重要因子，那就直接拿重要因子做全因子實驗。狀況二，你不知道哪些因子是重要因子，因此你在研究中把所有可能的因子都放進去，那就必須先用部分因子實驗，儘量先用解析度三[25]的實驗，以減少實驗次數，縮減因子之後才用全因子實驗。如果需要加入中心點實驗[26]，最好加入三次以上實驗。

　　不要預先規劃重複實驗，當實驗結果和推論有差異時才考慮重複實驗。儘量不要做區組，在設計實驗時先避開，如果有區組問題，之後再解決，以減少研究的複雜度。實驗設計之前最重要的其實都不是這些規劃，而是完整的微觀推論。你必須彙整所有的相關資料，推論後建立假設，就可以準備進入實驗設計。

　　規劃實驗次數之後就可以開始執行實驗，要小心控制所有噪音，過多的噪音因子會讓實驗設計失敗，在嚴謹的控制之下執行所有實驗，並取得實驗數據，有實驗數據之後就可以開始進行分析了。

　　開始分析時會把所有項目都放進去，如果是三因子（A、B、C）含中心點的實驗，第一次分析的項目會包含 A、B、C、AB、AC、BC、ABC和中心點，用這些項目建立第一次多元迴歸方程式。第一次方程式的項目基本上不會是正確的，因為有些項目應該沒有影響。在迴歸方程中放入無效項目，會影響方程式的準確度，因此必須刪除不顯著（或是說無影響）的項目。

　　刪除的標準主要是看 p 值、顯著性和方差貢獻值，也觀察逐次篩除

24　當出現顯著效應時，無法判斷是哪個因子造成的。

25　當實驗的因子過多，無法做全因子實驗時，便會使用解析度較低的部分因子實驗，讓「因子」與「因子的交互作用」互為別名，以減少實驗次數。其中解析度三的實驗，主要因子與兩因子交互作用互為別名，也就是其中一個有顯著效應時，無法判定是主要因子或者兩因子交互作用顯著。

26　在進行全因子實驗和部分因子實驗時，每個因子只有兩個值，若推論兩個值之間可能有曲率，則需要在實驗時加入中心點。

項目時是否改善殘差分布，一直刪減項目直到出現你認為最合理的多元迴歸方程式。之後開始分析各種資料和圖形，包含異常觀測值、等高線圖[27]（圖 4-9）、曲面圖（圖 4-10）等，以及最後的響應優化器。如此，完成實驗設計的分析。

全因子實驗的步驟如下：

(1) 設計實驗矩陣。

(2) 進行實驗。

(3) 初步分析，柏拉圖&主效應圖，用 ANOVA 分析因子影響強度。

(4) 縮減因子。判斷模型合適性，如果模型不合適，持續縮減因子，直到模型合適。

(5) 解讀 DOE 的實驗結果。包含主效應圖、柏拉圖、p 值、R^2 值、判讀其他圖形。

(6) 製作主效應圖、交互作用圖、立方圖、等高線圖、曲面圖、響應優化器。

(7) 建立迴歸方程式。

(8) 決策。

反應曲面方法論的步驟如下：

(1) 以 DOE 找到關鍵因子。

(2) 製作等高線圖及反應曲面。

(3) 從編碼迴歸方程式找出斜率。

(4) 進行最陡途徑單次實驗。

(5) 在最佳點再次進行實驗。

(6) 如果數據不理想，可以運用新的斜率，再進行移動。

(7) 在最適當位置執行中央合成設計。

(8) 用反應曲面方法論進行分析。

(9) 分析反應曲面方法論的等高線和反應曲面。

(10) 決策。

　27　又名「等值線圖」。

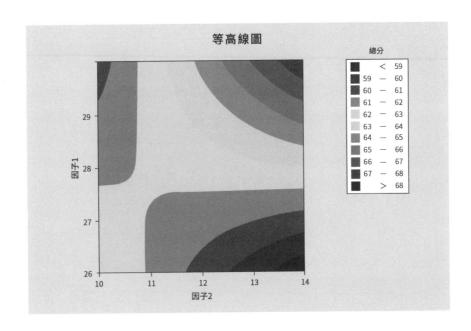

圖 4-9 | 等高線圖範例。

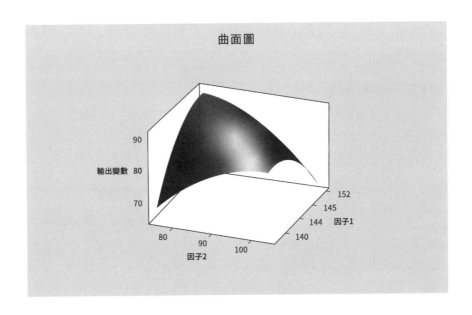

圖 4-10 | 曲面圖範例。

妥善運用實驗設計法，可以找到因子 x 和反應 y 的方程關係，把方程關係對應實際製造工程，就可以瞭解製造工程深層的專業知識，徹底解決相關的品質問題。

這十幾年來 DOE 幫永續企業經營協會的企業解決無數問題。我們針對品質議題做出假設，然後用實驗設計進行驗證和建立多元迴歸模型，突破企業技術的已知界限，解開之前從未瞭解的品質與技術問題。

有一天我問大鬍子 Joe（Joseph P. Ficalora）執行過幾次 DOE，他思索了好一會才告訴我：「200 次以上。」我在想，怪不得他如此瞭解實驗設計。不能用統計觀點來看待 DOE，必須用專業技術的觀點；有時，一些朋友面對技術問題無法解決，我會告訴他們：「你們教我專業，我幫你們規劃實驗設計，就有機會解決問題。」我曾經用這樣的方式解決 PE[28]與 PP[29]混料問題、油封材料設計、切管器設計……等議題。**結合製造工程和統計，是六標準差最強大的秘訣。**

控制階段 Control

在專案項目的問題解決之後，運用統計製程管制（Statistical Process Control）和製程管理圖（或 QC 工程表）對製程進行管控，確保之後製程的穩定性。

推動六標準差專案項目

在企業中推動六標準差時，我喜歡告訴專案項目負責人，不要拿出用專業就有機會解決的問題，最好的專案項目是已經困擾你們公司或是整個產業多年的議題，六標準差喜歡企業裡最難的品質問題。多數時候，我們也都能解決這些問題。這些專案項目的特色都是無法用專業和邏輯思考解決，而是必須先把製造工程轉化為統計資料，再從統計資料解讀製造工程，才能被解決。實現當年比爾‧史密斯、麥可‧哈利和理查‧施洛德對六標準差的核心想法，把製造工程轉換成統計數據，再用統計數據結果推

28　聚乙烯（PE），一種半結晶熱塑材料。

　29　聚丙烯（PP），一種利用丙烯催化聚合過程所製造的半結晶熱塑材料。

論製造工程，然後找出模型與解決方案。

關於六標準差的小結

　　一如物理學家和數學家整合的物理和數學，六標準差整合統計和製造工程，是製造業的重要創舉。六標準差帶來的重大變革，讓品質議題有系統方法可以解決，不應該因歷史爭議而被輕忽。

　　多數人對六標準差的瞭解多是被山寨標準差誤導，再被麥可・哈利和理查・施洛德包山包海的六標準差混淆，最後因為傑克・威爾許在奇異資融的失敗而失去信心——最終導致六標準差這個偉大的製造業創舉被嚴重低估。

　　整合精實生產和六標準差，能讓製造業達到最高品質和最低成本，使企業擁有強大的製造競爭力。也是因為學習精實生產和六標準差，多年來我總是認為，多數品質問題都能解決，工廠成本也有機會降到業界最低水準。我無法想像，企業裡怎麼會有一堆無法解決的品質問題，以及一堆生產效率過低導致成本過高的問題；大家領薪水工作，解決不了問題，卻又不學習，這樣的心態實在非常弔詭。

技術六標準差 TFSS（Technique for Six Sigma）

隨著比爾‧史密斯於 1993 年過世，麥可‧哈利也於 2017 年相繼過世，理查‧施洛德開了一家「全方位」的顧問公司，SBTI 也數度轉換經營方向；六標準差的大佬們有些過世，有些轉換方向，真正的六標準差已經後繼無人。

在六標準差推動多年之後，製程品質問題對我們來說已經不是問題，通常都算容易解決，但是製程以外的技術問題卻無法用六標準差解決。在 DMAIC 中的量測階段，主要工具是製造流程圖和敘述統計，純粹的技術問題發生在製造開始之前，或是製造流程沒問題，問題是技術做不出來。許多的品質問題其實是技術問題而非製程問題。

技術問題是台灣企業的痛點，多數台灣企業的技術平平，競爭力依賴不怎樣的技術和低價格創造性價比優勢。因此在多數領域，技術領先者都是歐美日企業。就像茂順密封元件公司總經理石銘耀曾經說過：「茂順的競爭對手研發部門有 300 個博士，我們公司一個都沒有。」或是如櫻花工業研發主管說：「林內工業有 500 個研發人員，我們公司只有 50 個。」對多數兩岸企業而言，如果無法提升技術，在全球產業中就一直是二三流廠商；縱使有成本優勢，技術無法突破依然會讓價格和獲利無法提升。因此，兩岸企業都一樣急需技術突破的工具。

2008 年，我在 SBTI 看過技術六標準差（Technology for Six Sigma，TFSS）的介紹，我認為該引進來提升海峽兩岸企業的技術實力，但是當時一直沒有機會。

與美的企業合作時，每年年終都會和幾位關係密切的事業和公司總經理聚會，慶祝過去一年的成果並探討下一年度的任務。2018 年底的酒聚，時任美的空調壓縮機總經理——伏擁軍，希望我能提供技術課程，協助空調壓縮機在技術上突破。一般而言，這些朋友兼弟兄們在這一天所提的需求我都會設法達成，但是這個需求屬實有點難度（另一個更難，去巴西瑪瑙斯和阿根廷火地島的工廠上課）。

回台灣之後，我開始找尋 TFSS 的資料，我委託北京 SBTI 和美國的聯絡窗口幫我搜集相關資訊，結果 TFSS 對於美國 SBTI 的現任職員而言前所未聞，當然也找不到任何關於 TFSS 的資料。可能之前教授 TFSS 的

顧問離職後把資料帶走，而後來 SBTI 的經營者對 TFSS 不重視，造成資料佚失。即便如此，技術問題在業界並不會消失，兩岸企業對技術提升的渴望也依然存在。因此，我開始進行 TFSS 輯佚。

技術六標準差的方法

我從業界蒐集海量的資料，探討最厲害的技術人員如何進行技術突破，研究高端專利如何被研究出來。之後，**用哲學方法論整合 TFSS 的路徑**，這個路徑是 DRIHV（Define 定義、Research 研究、Infer 推論、Hypothesize 假設、Verify 驗證）。

(1) 定義階段 Define

首先必須定義，要解決的技術問題是什麼，這些問題可能是製程做不出來的技術問題；做出品質不佳的製程品質問題；提高生產效能；新產品需要某一種技術才能完成的技術問題；新產品開發不出來的功能；或是提高新產品需要的效能。確認完議題之後，要決定研究層級要降維到什麼階段，是系統層級、子系統層級、組件層級、零件層級、化合物／金屬化合物／金屬晶體層級、分子／聚合物／高分子層級、原子層級或基本粒子層級。

想探討油封特性，就必須進入材料的分子和高分子特性，以及高分子的微觀結構；想探討電鍍，必須進入材料分子的微觀結構。降低維度層級是研究的重要原則，在高維度層級是無法進行有效推論的。例如，想要探討人性，必須用神經傳導物質和大腦運作特性，用人格特質是效益不佳的。這就像莊子在《莊子・知北遊》說的每下愈況，越往低維度推敲，越能知道真實狀況。人類現在知道的最低維度的物理物體是基本粒子，基本粒子包含玻色子和費米子，由基本粒子構成質子和中子，再加上其他基本粒子組合成原子。雖然大野耐一說過，遇到問題要問五次 Why，這與降維思考還是有一大段差距。

最後，要決定研究範圍，例如，想要解決產品品質問題，研究範圍經常必須包含供應商提供的材料，不能只關注廠內問題。

先確認好研究議題、研究層級及研究範圍之後，開始用我們猜測的影響要素建立整體推論（Overall Assumption）。整體推論是一種沒有證據的

猜測，其實只是假設，不是真實的。一般而言，第一次的整體推論很難是正確的，因此之後還要進行許多修正，即便如此，還是需要在此建立第一次整體假設，建立後就能進入研究階段。

例如，想要研究一個技術問題，如何在維持重量不變之下，強化一張碳纖維座椅。Y 是重量和測試強度，整體推論的要素可能是碳纖維數量、配方、製造一致性、碳纖維排疊、成型條件參數（溫度、時間、溫度一致性）、結構設計、局部強化、輔材（金屬）應用……等等。或者是想要降低電磁爐上的鍋具噪音，Y 是噪音要降低，但是要保持鍋具重量不變，整體推論的要素可能是鍋具重量、電磁特性、渦流特性、鍋具底部設計、鍋具材料、電磁爐面板材料……等等。要從這些要素去建立整體推論，完成定義階段。

定義階段必須膽大心細，膽大是做出沒有證據的推論，心細則是降低研究維度，從微觀的角度做出可能提升技術的整體假設。

定義階段看似簡單，實際上不太有人做得出來。在學校的研究習慣裡，因為研究是為了拿預算或是要畢業，因此不會做沒有證據的推論，也不會做風險高的推論，而定義階段的整體推論需要冒險，很有可能到下一階段就發現整體假設都是錯誤的。冒險推論違反 1980 年代至今的推論習慣，現代人習慣有把握的推論或是不能被驗證的推論，這樣才不會遭遇推論錯誤時的挫折。

其次，要做微觀推論必須深入瞭解物理和化學的基本知識，但這些學校習得的知識大家已經遺忘多時。尤其要瞭解各種能量、場與粒子、原子及分子特性等，並且運用這些元素進行推論，這對畢業很久的職場人員有不小的困難性。

有一次在茂順密封元件討論加硫時間，我提到總能量的概念還是有機會影響密封元件的品質，他們恍然大悟，這個恍然大悟解決一個長期的品質問題，而此處應用上的觀念僅僅是總能量還是有可能造成密封元件的分子鏈過於活化導致的不穩定。

總之，TFSS 的第一階段對多數學習者就已經是不小的挑戰了。

(2) 研究階段 Research

研究階段需整合所有可以被觀察或已經被觀察的現象。必須如同福爾

摩斯一樣，每一個現象不一定都對解題有助益，但是每一個現象都不可以被忽略，甚至，每一個現象基本上都要可以被解釋。因此，必須先瞭解並試著去釐清整個技術過程能看到的現象，用這些現象修正定義階段的整體假設。

假設觀察的現象不足，便需要透過主動觀察或是小實驗，探索我們想知道的現象，界定哪一些現象必須被瞭解，用這些現象來修正第一階段的整體推論。把手上擁有的資料進行敘述統計分析，用統計重新描述技術的物理現象，分析方式同六標準差，此處不再贅述。

這就像當偵探，推論某一個物品被汽車撞擊，會去找尋附近的汽車是否有擦撞痕跡或殘留與被撞物品同樣顏色的漆，以釐清整體推論的正確性，用經驗把所有線索整合成推論。但如果像毛利小五郎那樣推論，會遺漏很多現象無法被解釋，或是與推論矛盾，這會造成致命的失誤。

另外，接著還需要做三項苦工，文獻蒐集、專利搜尋和探討已知的理論知識；也就是爬文、K書、找文獻……看看有什麼我們不知道的事情，或是有什麼理論可以協助我們重新進行整體假設。學術界有一個傳統，就是持續做研究，以提升人類整的知識水準。許多領域都有很多相關研究（有些比較少），我們依然可以找尋他人做過的研究、被公布的專利或向供應商請教某些領域的專業知識。

在研究階段讀完大量專業知識之後，我們可以重新進行整體推論，這次我們將會更接近真相。

(3) 推論階段 Infer

接下來必須整合研究階段資料進行微觀推論，微觀推論主要在推論能量與力如何在物質之間流動。能量是指基本粒子中的力載子，或稱為玻色子，像是光子、膠子；力是指任何導致自由物體歷經速度、方向或外型的變化的影響；物質是指基本粒子中的物質微粒，或稱為費米子，物質微粒又分成輕子和重子，輕子有電子、微中子，中子主要是各種夸克（組成）；費米子和玻色子組合成質子和中子，再組合成原子核，再組合成原子。

一個物件要如我們所希望的方式運作，關鍵在於，正確的能量與力和正確的物質結構，以我們期望的方式，在正確的物質中移動。

一如尼古拉‧特斯拉（Nikola Tesla，1856～1943）所說：「如果你想

發現宇宙的奧秘，那就必須從能量、頻率及震動下手。」費曼（Richard Phillips Feynman，1918～1988）在他的物理學講義也說到：「有一個事實，那就是有一個到目前為止掌控了我們所知道的自然現象的定律，而這個定律在我們所知範圍內沒有任何的例外，而且據我們目前所知，它是準確的。這個定律被稱為能量守恆。它說明了有一個特定的物理量，我們稱之為能量。這量在自然狀態經歷了各種變化後，並不會改變。這是個最抽象的概念，因為它是一個數學的原理：它說明有一個數值量在一些事件發生時不會改變。它並不是任何物理過程或者具體事物的描述；它僅僅是一個奇怪的事實：我們可以先對系統計算數值，而當系統經歷一些變化之後，我們同樣的再去計算那些數值，結果會發現數值和一開始的時候是相同的。」

　　普朗克（Max Karl Ernst Ludwig Planck，1858～1947）發現能量是以一個能量包的形式傳送，我們可以想像，能量會被傳遞、誤傳、散失、堆積……等等。力是能量造成的現象，一個物質可以透過能量或場來產生力，然後用力影響另一個物質。接受能量和力的物質因為結構不同帶來不同的影響，因此，只要能正確推論能量與力如何在物質之間流動，就可以理解物理現象。

　　我們可以沿著能量與力在物質中的流動路徑進行研究，推論如果要達到技術目標，需要讓能量如何運作，或是，品質議題源自於什麼能量傳遞的問題。

　　要做出接近真相的推論有兩個要件，一是在研究階段瞭解足夠的專業知識；二是用能量、力和物質進行推論。愛因斯坦喜歡使用的思想實驗就是一種推論[30]，我們也一樣，把所有研究結果全部拿進來用能量、力、場以及物質進行推論，以達到我們想要的結果。例如，推論花紋鋼板的抗彎曲強度，要先瞭解鋼板成形之後物質微觀的金屬鍵、分子排列狀況及分子厚度等；前述物質部分推論完畢後，再推論重力場的力影響承重物之後，

30　愛因斯坦提出光量子論、狹義相對論與質能互換公式 $E=mc^2$……等著名理論時，並非是在大學裡擔任教授或研究員，而是在瑞士專利局擔任三等技術員，也就是說，這些理論都或多或少是愛因斯坦思想實驗的成果。其他著名的思想實驗包括薛丁格的貓、愛因斯坦的火車思想實驗。

鋼板上的力會如何流動（也就是鋼板上的花紋如何影響力的流動），引發鋼板的物質結構變形，以及應力[31]集中在哪裡。

一個企業的新品若有品質或技術問題，可以乾脆將自家產品與競爭對手產品比較，若競爭對手產品的性能較好，在比較元件、材料、設計等等後，也可以歸納推論出導致自家產品性能較差的部分。比如兩家廠商的產品都有使用馬達，在將自家產品的馬達換成競爭對手同款後，若自家產品性能沒有改善，就可以暫且推測雙方品質的差異並不在馬達，那麼馬達這個因素就可以暫時被排除，不進入假設階段。

(4) 假設階段 Hypothesize

對微觀推論中不確定的觀點需進行假設，每一個假設都必須有 H_0 和 H_a，並且能解釋所有現象（如失效事件）。H_0 和 H_a 是重要的觀點，科學研究者在此階段必須堅定的保持中立立場，分別推論期可能，並隨時準備接受 H_0 或 H_a，對兩者都做推論。如此，驗證結果不管是 H_0 或 H_a 都可以延續研究。畢竟，對人類而言，科學知識已知的太少，未知的太多。

(5) 驗證階段 Verify

驗證階段會用到六標準差的統計工具，包含單因子實驗（One Factor at a Time，OFAT）、多變量研究和 DOE（圖 4-11）。

這裡的實驗設計方法比六標準差還多，總計如下：
- 部分因子實驗設計：篩選因子的方法。
- 全因子實驗設計：瞭解系統行為。
- 多重響應實驗設計：瞭解模型中兩個以上的 y's 和 x's 的關係。
- 反應曲面方法論：含中央合成實驗，外推實驗範圍以追求最佳化的實驗方法論。
- 允差實驗設計：瞭解相關零件對間隙的影響。
- 穩健實驗設計：雙層實驗設計，瞭解各種噪音因子和 x's、y's 的關

31　單位面積承受的作用力。

係。

• 混料實驗設計：高解析度實驗，瞭解材料特性對混合物、化合物的影響。

• 演化實驗設計：逐步外推實驗範圍的實驗，經常被用在工廠而非研發實驗室的實驗設計方法。

全因子實驗設計	演化實驗設計	允差實驗設計	多重響應實驗設計
研究 系統行為	等高線圖 判斷較佳條件	未知干涉， 處理非線性公差	全因子實驗、 雙y
部分因子實驗設計	混料實驗設計	穩健實驗設計	反應曲面方法論
篩選 重要因子	最佳 混合比例	最小化 噪音	找到模型 最優方向

圖 4-11 │　　永續會常用的 8 種 DOE[32]。

實驗設計可以驗證假設，並且建立 x's 與 y's 的統計模型，用模型來觀察物質和能量的行為，持續下一輪推論。實驗設計不只是強大的驗證和建模方法，更重要的是，因為有實驗設計，我們才能大膽推論和假設；如果不能驗證，推論和假設就毫無意義了。

整合與實踐技術六標準差

TFSS 的推論、假設與驗證是一連串的過程，如果推論與假設無法被驗證，就只是猜測，無法確認假設是否正確。我所見到的多數人都喜歡無法驗證的事物，因為只要事情無法被驗證，每一個人都可以隨心所欲地胡說八道。可以驗證讓我們可以大膽假設，因為最終會被驗證。相反地，如果沒有推論和假設，一味地做實驗，只是胡亂瞎猜，實驗結果或許可以改善局部技術，但無法深究技術並持續進步。

2019 年 8 月 26 日至 28 日和 9 月 25 日至 27 日，TFSS 第一次正式上課，這次課程成功地解決美的壓縮機、美的空調以及美的生活電器三個事

　32 此處未列入減少實驗次數用的部分因子實驗 Plackett-Burman。

業部中一些長期無法突破的技術問題。2020 年 3 月 9 日，TFSS 第一次在台灣開課，同樣也解決許多參與企業棘手的技術突破問題。至此成功地從六標準差拓展到技術六標準差，一個解決製造問題，一個解決技術突破問題，可以讓企業在技術和品質提升競爭力。我認為 TFSS 是台灣企業最需要且最重要的技術議題，如此才能有長期的技術突破，在全球競爭的舞台占有一席之地。

茂順密封元件公司的總經理石銘耀學會 TFSS 之後這麼說：「雖然競爭對手（德國企業）的研發單位有 300 個博士，我們公司研發單位一個都沒有，可是當我們面對一個技術議題，集中幾個高手用 TFSS 做技術突破，在特定技術領域，就有機會超越德國競爭對手。」偉哉石總啊！

技術六標準差的小結

汪世堯董事長和我還在台灣神戶電池的時候，每當我們質疑技術問題時，心懷不軌的研發和製造工程單位就會以專業技術用語，讓我們兩位不懂專業的頓時語塞。當時我們的確對電池的電化學專業知識不足，無法和研發技術單位對話，結果發生兩次技術失誤，讓我們在一年內損失台幣 5 億以上，只因為他們所做的技術變革有利於供應商提供更多無用有害且價格高昂的新設備。

在經常面對技術難題後，我決定重新研讀基礎的物理和化學，沒想到一讀成癮，從基礎物理、量子物理讀到基本粒子，以及各種化學物質與反應，我發現這一切環環相扣。雖然我沒有深入各種專業，只是掌握核心知識，結合在該領域有專業知識的人，應用 TFSS 的邏輯方法，尤其是微觀推論與實驗設計，如此，企業的技術都能與日俱進。

對我而言，這是一種突破，讓我從社會科學領域跨越到自然科學領域。更重要的是，TFSS 方法論是用哲學方法建立，所以在 2021 年 4 月 15 日至 16 日的課程中，其中一組成員只用哲學方法論就解決純技術的問題，這在歷史記載中至少已經有 100 年沒有人能做到，我們不僅重建 TFSS，還順道把哲學和科學整合，這是哲學和科學分家幾百年後第一次重新結合，算是哲學界的一件大事。

總結而言，技術六標準差是提升企業和個人專業技術的系統方法，依循系統方法，多數技術都能逐漸提升與突破。

│ 逆勢成長，TFSS 成技術領航關鍵秘訣 │

拓凱實業副總經理　沈貝倪

拓凱實業是碳纖維複合材料產品製造大廠，以碳纖維網球拍起家，靠著不斷研發、取得世界認證，逐步將碳纖維技術應用於自行車架、賽車級安全帽、核磁共振床板及航太內裝等高階產品。

曾有客戶希望拓凱協助製造直升機翼，在洽談過程中表現的極為強硬與冷漠的態度，讓我深刻的感受到供應商在產業鏈的人微言輕。為此我下定決心，必須扭轉客戶對拓凱的印象，不能永遠屈居代工廠，而要成為能與客戶並肩齊戰的技術合作夥伴。

拓凱技研團隊都是國內外頂尖大學的碩博士，卻依然在轉型的過程中碰上瓶頸。我發現，問題原來出在過度仰賴以往的經驗，團隊多以師徒制方式傳承，若打樣送件給客戶審核未過，會用經驗判別問題點，不斷測試補強，直到通過審核為止。這些都是業界的生態，技術層次較高的產業更是如此。

然而，問題種類繁多，單靠經驗真的能解決一切困境嗎？當時的拓凱，常在問題解決後仍無法判斷肇因，是碰巧解決？還是真的找到

最佳解方？懸而未解，也無從解起的各種技術問題，又該怎麼辦？這一切都讓我瞭解到「要技術領航不能只用經驗傳承，而是要用科學的方法」。

在學習 DRIHV 之前，我們幾乎是定義問題後就直接進入驗證，沒有做研究、推論和假設。學了 DRIHV 之後，我們發現，原來模擬驗證的方法不只是在幫客人做份報告而已，而是可以真正地去驗證我在這個案例的假設是否正確。例如我們的電腦斷層掃描床板，若在設計時沒有考慮客人如何組配，那

麼產品測試就會一直無法通過。學過 DRIHV 之後，我們就知道要更微觀地去看產品的複合嵌金屬線、鎖固的方法如何影響、金屬線的幾何與結構如何影響整個受力，如此一來才能在知道問題是什麼的情況下解決問題，而不是盲目地變更設計。且因為有完整的邏輯推論，客人也比較容易相信，你有能力重新設計出能通過測試的產品。

我們用一樣的方式，處理另一個客戶床板因受力斷掉的問題。為找出原因，我們從微觀推論能量在物件上的流動，發現受力後床板鋁金屬承接及延展的能量流，到某處產生了弱點，影響了產品的剛性。事後更提供數個解決方案，客戶不僅接受，更主動提出往後共同協作產品組裝的邀請。

拓凱的技研中心已有三十年歷史，過去多以生產為導向，專注在材料應用上的研究。學了 DRIHV 後，發現其實很多技術問題不是只發生在材料構面上，而是模具和製程出了問題。以往整個團隊的認知是自己只研究材料的部分，學過

DRIHV 之後才有了信心去解決材料以外的問題，今天遇到設備問題，就去解決設備問題，不會被設限。

從 2020 年初起，我們不斷地複製成功案例，碰到問題時，就回到同樣的邏輯重新解釋，讓客戶知道我們有能力找到問題的核心，與客戶共同解決技術問題，我想這是好的歷程。老師的方法真的很厲害，按照這個邏輯思考，即使你不是每天接觸這個案子，也能討論這個案子，讓對方很訝異你怎麼會有這樣的能力。我認為每個工廠都或多或少會有技術問題，因此 TFSS 是不能不學的工具。

面對疫情，我保持樂觀的態度，不管環境和市場匯率如何變化，你永遠都會有競爭對手，客戶也會不斷在價格上要求。我們回歸到內部技術問題，紮根苗壯、技術提升，就能用更少的材料做到最好的品質。技術六標準差幫助拓凱創造更好的產品，給予員工更好的訓練，同時有更多機會探索複材領域。

│ 品質突破，技術革新 │

新代科技　蔡尤鏗董事長、黃芳芷總監

新代科技長年深耕於機床控制器的軟體及硬體技術研發，技術創新研究和品質提升是企業願景與使命：「最值得信任電控夥伴」。公司研發團隊優秀，在面對智慧製造產品的多面向開發議題，需要嚴謹定義問題並進行推論，以發揮研發創新為新代核心。

以往進行研發及品質提升時，常以嘗試錯誤法為之，復以各研發工程人員的技術及經驗背景差異大，導致問題解決偏向經驗主觀認定。經驗粗淺的工程師不能明白為

何而戰，也沒有足以解決問題的思辨能力，甚至無法重現問題的時候，只能求短期止血的對策，以較高的應用條件進行改善，導致成本居高，設計包袱相容性日益嚴重。但在運用技術六標準差後，我們發現這套系統方法論可以解決過去被認為是高難度、甚至是不可能的問題，能夠非常有效地協助研發同仁進行技術開發工作。

技術六標準差的方法論DRIHV 共有五個步驟，分別是：有效的定義問題的研究層級（定義

問題，define）、降維思考及專利的研讀（研究，research）、以微觀推論方式建構技術開發的研究模型（微觀推論，infer）、針對相關因子進行假設檢定（提出假設，hypothesize）、並找出關鍵因子的實驗設計過程（驗證，verify）。

透過這套嚴謹的方法論，我們重新審視過去對問題的切入角度，以理論為基礎，做到好的假設，才能進一步進入驗證階段。同時，透過許多實驗，也讓我們對於品質議題、看待事情的高度與廣度得以提升，敢於推翻原先的假設，反覆推翻再塑造。除了能夠深入解決問題的根源，更能建立工作方法，過程中還能加強思辨和創新的能力，建立系統性思考，深植為新代企業文化「思辨創新」。

學習技術六標準差之後，在人才培訓方面，我們得以改變過於仰賴專業人員技術的狀態，不再擔心人才流失問題，大家也都不再憑自己的經驗和直覺做事。同仁開始重視團隊效益，共同面對並解決問題，成長速度變快，且使用共同的工具、共同的語言，以有系統的方式做事，從個人的專業變成整個團隊的專業。

此外，我們甚至將這套方法論

擴及新代的供應商，直接前往現場協助並嘗試解決問題。供應商的態度，也從原先的抗拒，到見證方法論的成效，逐漸變得能夠接受與認同。我們因而成為供應商最好的成長夥伴，達到雙贏。

值得一提的是，2021年，我們以透過技術六標準差所取得的技術成果，參加「台灣持續改善競賽」，並獲金塔獎殊榮。這場賽事不僅讓同仁得以將方法論轉換為實際工作，更擴大公司的整體經營效益。

而為因應智慧製造與工業4.0技術趨勢，新代與聯達持續協助客戶順利完成數位轉型，並成為客戶最值得信賴的電控及智能夥伴。

新代科技股份有限公司	
成立時間	1995 年
主要業務	機械設備製造業
資 本 額	6 億元
員工人數	400 人
董事長	蔡尤鏗
營業收入（2020 年）	53 億元

在工研院及台大博士班也學不到的技術解決方法

國家品質獎卓越經營獎個人獎得主　梁瑞芳博士

圖 4-12｜　梁瑞芳博士與詹志輝顧問討論技術問題。

　　我在研究所畢業後進入工研院，之後創業成立徠通科技。我在工研院有學過田口式實驗，在台大讀研究所時則是學過 DOE，但是當年的 DOE 學到交互作用就停了，因此我一直以來都不清楚，需要研究交互作用時該怎麼做。我這些年來研究的經驗是，一個問題通常會是多個原因造成的；當一個問題是兩個原因造成時，就需要有經驗的工程師歸納；當一個問題有三個原因造成時，則已經很難歸納，會造成產業不斷打轉。我過去使用田口實驗進行分析，但是田口實驗無法分析交互作用，因此遇到需要研究交互作用的情況時，總是卡住。

　　在業界也一樣，尤其是機械行業。大多時候，老師傅不是用學理去教學，而是讓你自己去嘗試，當你遇到問題時再指導，慢慢地把問題跟解決方法歸納出來，學到幾個

經驗，這幾個經驗就是不傳之祕，不會直接言傳給徒弟。這種經驗、偏方、秘方，雖然有時候是對的，但並不泛用，且大多師傅都不願意傳給徒弟，因此知識這樣透過經驗的累積不但很慢，也容易出錯。業界很多問題一直卡在那，一卡二十年，跟日本及歐美國家的差距因此被拉開，追不到人家的技術水準，也因此售價被拉開了距離。

後來跟著詹老師學 DOE 後，可以清楚地知道有交互作用要怎麼進行分析，反應曲面圖長什麼樣子，要怎麼找到最佳解。透過這種研究找到最佳解，簡直可以說是不傳之祕了。若只是解開一個問題，那對手可能還能透過 try and error 追上，但我今天解開多個問題，你的競爭對手就不容易趕上了。過去需要一個老師傅用三十年累積的經驗，學過 DOE 的人能僅用三天時間透過參數重現。這個方法真的是很珍貴的研究技術。

DOE 是驗證假設的工具，要確實解開問題，還是不能略過

DRIHV。我們過去也會分析問題、解決問題，但整個過程並不完整，可能只做少部分研究推論。一般人習慣做歸納，不太會做分析，但是從歸納容易落入錯誤歸因的陷阱，比如老師舉過例子，台灣很多成功的企業家開賓士或 BMW，但那不代表買一台賓士或 BMW 就能成功。DRIHV 的過程是分析、推理、假設、驗證的過程，不會落入這種邏輯陷阱，也能在完成一個研究之後對結果也更有自信。

過去的人才培養是透過經驗傳承，速度很慢，還不一定正確。如今，與傳統產業不同，現代科技業是靠數據來傳承，而整個 DRIHV 的研究過程就是會產出數據，讓你看見這個實驗的輸入參數是哪些，輸出參數是哪些，透過數據就很容易傳承，有數據、有方法，每個人去做同一個實驗的結果基本上會有九成以上一樣，剩下的只是環境造成的影響。有了 DRIHV，才能真正將技術提升，解決問題，並將解決問題的方法傳承下去。

品質管理系統
Quality Management System，QMS

六標準差解決特定的品質問題，屬於品質改善（Quality Improve，QI）工具，但是多數品質問題不是來自特定品質問題，而是來自品質管理的漏洞。因此，許多企業的品質問題是持續再發的。要解決一般性而非特定性的品質問題需要的是品質管理（Quality Management，QM）而非品質改善。

品質管理的演進

品質運動源自於 1920 年代，一開始以品質控制（Quality Control，QC）為主，重視原材料和製造的品質控制過程，以防止產生有缺陷的產品。強調標準零件、產品規格和管制圖（Control Chart）。主要品質活動是檢查和樣本測試計劃。

到 1960 年代興起的是品質保證（Quality Assurance），主要目標是確保品質系統的有效性，評估當前質量，確定品質問題或潛在問題區域，以及協助指導或最小化這些問題區域的過程。強調品質系統建立、供應商品質責任、品質系統稽核。主要活動是 ISO/QS 9000 和汽車產業的 TS16949。

1980 年代因應日本的競爭，美國企業開始引進 TQM。TQM 雖然先在日本推動，但是 TQM 源起於美國，是 1961 年美國品質管理專家阿曼德・瓦林・費根鮑姆（Armand Feigenbaum，1920～2014）所提出。TQM 名如其實，是涵蓋公司整體的品質活動，需要企業全員投入，把品質當成策略，所有人事物都必須考量到品質，從設計、製造、生產設備、供應商、售後服務、人員訓練等，都必須以品質為最重要考量。

1980 年代 TQM 在歐美被大力推廣後得到的結論如下，賴利・包熙迪（Larry Bossidy）認為 TQM「一團和氣而無所作為」。美國針對 500 家企業對 TQM 的調查中發現，高達三分之二的企業認為 TQM 對企業營運績效無重大影響，在英國針對 100 家實行 TQM 的企業調查，則有五分之四的企業認為效益不大。

TQM 為什麼得到這麼糟糕的評價？因為 TQM 並沒有可靠有效的方

法論，內容繁雜沒有系統，充滿對品質沒有直接效益的活動，最終難免流於形式化。

創建務實的製造品質管理系統

　　既然 TQM 不好用，而品質管理對企業還是有一定的重要性，因此必須重新建立一套低成本並且直接有效的品質管理系統。我重新思考，如何才能將品質做好，品質管理的核心是什麼行動呢？我的答案是，**最終決定品質的核心是製程**，想要展開全面品質管理可以以製程為中心點。2005年，張宗令博士與我分享一張類似 ISO 系統 QC 工程表，但是更詳細的製程控制表格，且此表格在輸入與輸出端是雙邊展開，ISO 用的 QC 工程表則是將輸入與輸出疊合在一起。我將這張表格擴增，加入六標準差中 FMEA 和控制階段的方法，形成一張完整的製程管理圖。

　　我利用製程管理圖分析所有生產程序中的輸入因子，包含設備的輸入參數、材料參數……等等，然後思考，如何透過控制手法確認每一個輸入因子的正確和穩定性。光是這個小設計就帶來很大的成效，因為一般企業沒有這樣分析過，所以會遺漏很多影響製程的關鍵輸入因子。

　　確認完所有可能影響的輸入因子，並且設計控制方法之後，把要控制的輸入因子置入現場點檢表，讓操作人員透過點檢表確認輸入因子的正確性，這個稱為操作人員的自主查偵。但是現場操作人員不一定都會認真點檢，所以要加上系統查偵。

　　系統查偵像是傳統的 IPQC（In-Process Quality Control），但是和 IPQC 的精神不同。IPQC 一般是針對製品進行檢查，系統查偵則是針對自主查偵進行檢查。因為 IPQC 的頻率一般不會太高，針對製品進行檢查效益不佳。自主查偵檢驗頻率高，是有效的查偵方式，但是操作人員往往不確實執行；因此，透過系統查偵來監督自主查偵的執行是一個可行方法。

　　有些人認為，最好的品質是設計出來的，其次是製造出來的，最差的方式才是檢驗出來的。我不同意這句話，我們在品質管理過程發現，檢驗經常是成本最低的方式，只要能設計好檢驗方式，還是可以把品質做好。相反的，一味避免檢驗反而會漏失品質管理的細節。

　　設計好查偵計劃之後，如果有些重要的因子難以被查偵，就可以用品

管圈（Quality Control Circle，QCC）活動小組進行腦力激盪，找尋防錯方法（Mistake Proofing 或稱 Poka-Yoke）的方法。

防錯法是新鄉重夫 1961 年在山田電器想出來的方法論，一開始他為解決兩片彈片漏裝的問題，用小碟子避免問題的發生。新程序是先從零件盒取出兩個彈片放在小碟子，然後再組裝開關。之後將這個方法命名為Poka-Yoke，直譯為「避免大意疏忽」的方法。防錯法主要是利用物品的形狀、大小、顏色、感覺、聲音等，使作業者很容易就可以正確的辨認；或是利用治具或輔助工具，使作業簡單化，並且不會做錯；或是利用物品的放置方式或作業順序，來區分常易混淆的類似作業；或是作業順序若錯誤時，使其不能進入下一作業程式。既然可以避免錯誤發生，就可以取消系統查偵甚至自主查偵，以降低品質檢驗成本。

防錯的基本手法包含：

(1) 斷根：將發生錯誤的原因排除。比如折斷錄音帶上方再錄孔的塑膠片，即可防止再錄音。

(2) 保險：共同或依序執行兩個以上的動作完成工作。比如共同或按照一定順序使用兩支鑰匙開保險箱。

(3) 自動：運用各種物理學（如光學、電學、力學）、化學與機械結構學原理自動化執行或不執行。比如水塔的浮球上昇至一定高度自動切斷給水。實際的應用除了浮力外還有秤重裝置、光線感應、計時器、單向裝置、保險絲、溫度計、壓力計、計數器……等等。

(4) 相符：利用形狀、數學公式、發音、數量檢測。如設計特定形狀的連接線接頭、檢查帳號號碼。電腦相關零組件大都有形狀相符的防呆設計，像記憶體模組上的凹洞只有唯一正確的方向安裝才能相符插入（圖4-15）。

(5) 順序：將流程編號依序執行。如模型製作的操作說明書以編號表示零件以及組合程式。

(6) 隔離：透過區域分隔保護某些區域，避免危險或錯誤。常見例子如將藥品置放高處以免兒童誤食、一些重要的按鈕加上保護蓋以避免誤觸。

(7) 複製：利用複製來方便核對。例如，統一發票的複寫列印、刷信

用卡的拓印及命令複誦核對。

(8) 標示：運用線條粗細形狀或顏色區別以方便識別。如用粗線框表示填寫位置，虛線表示剪下位置，紅色表示緊急，綠色表示通行等。

(9) 警告：將不正常情形透過顏色、燈光、聲音警告，即時修正錯誤。例如，油表、各種警告燈及聲音。

(10) 緩和：利用各種方法減免錯誤發生的傷害。如緩衝包裝隔層、座位安全帶、防墜安全帶、安全帽。

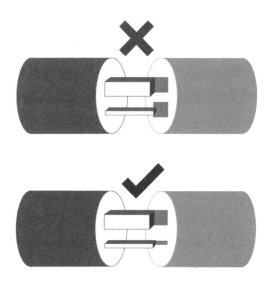

圖 4-13 | 　Poka-Yoke 防錯範例。

　　將防錯加入品質管理系統之中，可以降低檢驗的工作。因此，對於需要依賴檢驗的輸入因子，可以多用防錯的方法解決。

　　規劃好輸入因子的控制計劃之後，再規劃輸出控制；越早發現製程半成品不良，重工或報廢的成本越低。輸入主要是看半成品的特性和性能，最常用的檢驗是首件檢驗，量測半成品特性或性能，確認後才開始進行生產。輸出特性的管理方式和輸入一樣，不在此贅述。

　　以製程為中心進行管制，製程的前端是輸入因子（x），製程之後是輸出的半成品特性（y），把這兩者控制好之後，就可以往製程前找尋控制項，就是把原材物料也當成輸入因子，作出相對應的檢驗，以確保對製程輸入因子的控制沒有遺漏。

統計製程管制（Statistical Process Control，SPC）

輸入和輸出控制計劃完成之後，基本上已經完成用人查偵、檢驗、控制的部分，但是整個製程中充滿無法檢驗的輸入因子，例如，機台內部零件的磨損或是供應商來料的穩定性。想要控制自主查偵和系統查偵無法控制的因子，就需要依賴統計製程管制。

統計製程管制是美國品管大師休華特博士（W.A. Shewhart）於 1924 年，在美國貝爾實驗室開發了一套統計學製程流程控制理論。休華特早年主要用平均數和全距管制圖（$\bar{X}$-R chart）[33]，2007 年我開始加入更多統計製程控制的數據。

我把統計製程控制分成三部分：第一部分是單點輸入或輸出的數據，第二部分是因果鍊，第三部分是尺寸鍊。

第一部分：單點數據分析

單點數據分析內容和六標準差量測系統一樣，包含：

(1) 常態 p 值：分析輸入條件是否有差異。如果供應商的原物料特性呈現非常態，通常有兩種可能性，一個是供應商對產品做過全檢，將不合格品剔除，這看起來似乎沒問題，但是會造成偏差平方值過高，造成二次式損失，也就是有太多材料接近規格上限或規格下限，這些原材物料會使其製造出的成品也暴露在品質風險之中。另一個可能是供應商製程不穩定，雖然原物料在規格上限和規格下限中，但是不穩定的製程會使我們製品也不穩定，對於需要一致性高的產品就會有品質風險。

(2) 如果我方的製程中，輸出特性之常態 p 值小於 0.05，代表輸入過程中受到未知變數影響，如果我們的機台參數都穩定，就可能是機台內部已經出現磨損或其他異常，或是機台本身設計特性是不穩定的。

(3) 平均值和中位數差異分析：分析輸入或產出是否有單邊偏移現象。所謂單邊偏移是指，所有數據都偏大或都偏小，這代表製程控制有問題。

(4) 標準差：標準差主要看是否過大，是否符合我方製程能力的需

　33　符合時間序列抽樣產生的管制圖，可即時反應製程的變化。

求。

　　(5) 平均值信賴區間：分析規格中心值是否落在量測值的平均值信賴區間中，如果不是，就代表有中心偏移現象（在判斷是否中心偏移之前，要先確認標準差是否合格）。如果原物料有中心偏移狀況，就會造成產品有品質風險；如果產品重視公差，而且零件組合之後對累積公差有要求，那麼中心偏移的風險將會更高。因此，對某些產業而言，供應商材料如果發生中心偏移現象，是必須拒收的。但是現在的 SPC 幾乎沒有人監測中心偏移。

　　(6) 箱型圖：分析是否有中位數離群，以及瞭解分布狀況。

　　(7) 直方圖：瞭解實際分布與常態預估的差異。如果我們的數據有非常態、中心偏移、單邊偏移、中位數離群值，我們可以從直方圖大致判斷問題的狀況。例如，非常態，是雙峰、多峰或是離群值引起的非常態。

　　(8) 聚類性：分析是否有間歇性的條件變異。聚類性很重要，因為製程條件有改變就會造成聚類性，因此當資料有聚類性就很容易找到製程問題點。

　　(9) 混合性：分析是否有兩群輸入條件。造成混合性的原因通常是有兩個顯著的製程條件變化，因此也是很容易找到問題點的統計。

　　(10) 震動性：分析輸入或產出是否持續變異。

　　(11) 趨勢性：分析輸入或產出是否有趨勢性。

　　(12) 特殊變異 I-MR chart：分析輸入或產出是否有特殊變異。

　　(13) Cp 和 Cpk：分析整體製造能力。

　　(14) 實測性能、預期組內性能、預期整體性能：分析預估不良率。

　　這些數據會讓我們全面觀察一個輸入因子或是輸出特性的量測值，瞭解無法透過觀察察覺的事物。例如，當機器的主軸損壞，且我們還無法從外觀和製品發現時，敘述統計就有機會呈現出來。或是我們把機器設定 1200 °C，我們以為這是穩定的溫度，敘述統計可能會告訴我們，其實無法量測的機器內部溫度波動過大，導致產品不穩定。或者我們在機器上使用兩副模具或治具，混合性會告訴我們兩副模具是否有顯著差異。有時剛剛啟用時不會，但是一個模具磨損快另一個磨損慢，就會明顯產生混合性。總之，許多工廠內部的問題，只要善用數據，皆能隨時監控和反應。

第二部分：因果鍊

　　既然已經有了所有單點數據資料，我們可以透過因果推論將前後製程相關的數據做出多元迴歸方程式，如此，可以建立原材物料、設備參數和半成品與成品特性的函數關係。有了這樣的迴歸方程式就可以長期監控前製程的輸入因子和半成品特性，甚至可以在尚未進行製程時就預測良率，以及設定最佳參數，或是要改變成品特性時可以參考。

　　因果鍊除了使用迴歸方程式，也可能運用變異數分析（ANOVA）或是邏輯斯迴歸（Logistic Regression）。此外，當製程噪音增加時，因果鍊的數據噪音也會增加，可以及早瞭解製程變異，提早對設備或是材料做出反應。

　　總之，因果鍊是完全掌握製程的數據工具。

第三部分：尺寸鍊

　　尺寸鍊是把會組合的零件用 RSS（Root Sum Square）進行統計監控，零件完成待組裝時即可預測組裝品質，如果發現不良率太高，便可以選擇組配零件尺寸。

　　尺寸鍊可以讓我們管控產品精度，包含間隙和組合公差，預防因為間隙和公差產生的品質問題。

量測系統分析（Measurement Systems Analysis，MSA）

　　之後把量測系統分析加入製程管理圖，定義與記錄量具刻度、量具精度、校驗時間、GR & R、P/T Ratio 等工作。以確保所有量測結果的可信度。

動態的製程管理圖

　　前面系統建置完成之後，便可以開始執行。

　　工廠每天進行自主查偵和系統查偵，查偵結果經過分析，如果某個自主／系統查偵點長期檢查都沒有異常，可以考慮減少檢驗頻率，反之亦然。這樣的動態調整能讓自主查偵和系統查偵的成本最合理化，不會因過嚴的查偵導致成本過高，也不會因為過鬆的查偵導致品質漏洞。如果有持

續高居不下的不良檢出，可以進行產品設計變更或是生產工藝改善，最好可以採用防錯設計，讓異常數量降低或是杜絕。然後，持續進行 SPC 和 MSA，確保生產穩定性。如此，整個製程管理圖便可以發揮效果。

如果發現 FQC 檢出不良或是廠外客訴，必須用 FMEA 分析這些異常案件，如果失效原因屬於查偵失效，必須即刻改善查偵系統或是建立防錯設計。如果是直觀問題，可以用邏輯推論找出問題根源原因，也立即進行改善。

如果無法即刻找到原因，則交給六標準差小組成立專案項目研究，等到六標準差人員將問題解決，再將結果匯入製程管理圖。如此，整個製程管理圖將形成一個動態系統，持續維持工廠運作的最佳穩定狀況。

結合製程管理圖、Poka-Yoke、量測系統分析、統計製程控制、FMEA，如此便可以形成廠內完整的製程管理系統。

供應商品質管理

廠內建立穩定的製程管理系統之後，便可以將品質管理系統延伸至供應商管理。

遴選供應商

選擇供應商必須評估幾件事情。

(1) 產品的設計可靠性：供應商的設計觀點是保守的或是臨界的，越是保守設計一般而言成本較高，臨界設計往往品質風險越高。必須考量我方使用之處，以評估臨界設計帶來的風險高低。

(2) 材料來源：供應商材料來源是哪裡，這些材料的性能、性能穩定性和性能一致性是否足夠。

(3) 機台來源：供應商使用哪一品牌的設備，對機台設備是否有適當的保養和維護，以確保機台的穩定性。

(4) 品質管理系統：評估供應商品質管理系統，如果不夠好，可以協助供應商建立和我們一致的品質管理系統。最好供應商的成品或半成品量測資訊可以即時傳給我們，我們進行統計製程控制，更能確保供應品質。

製程品質管理系統的實踐

台灣神戶電池生產密閉式鉛酸蓄電池（Valve Regulated Lead Acid Battery，VRLA），直到 2005 年，一直是全世界最大的小型密閉式鉛酸蓄電池生產公司。VRLA 的製程很長，生產一批電池大約需要 12～15 天，因此品質很難控制。當時台灣神戶電池的品質在業界已經非常優異，但是有時會有電池批次不穩定，時任董事長汪世堯（現任永續企業經營協會會長）決定要建構更完善的製程品質管理系統。

我們開始在台灣神戶電池推動製程管理系統之後，電池的客訴不良率達到 20 ppm 左右，相較日本電池（GS）的 VRLA 不良率還在 1,500 ppm 左右，同樣一顆小型密閉電池，台灣神戶電池售價可以比日本電池高 15%；製程管理系統讓品質穩定的力量不容小覷。

2007 年，我們協助奇美電子推動製程管理系統，3 月開始推動時，三廠的陳總廠長就告訴我，光是用製程管理圖就找到一堆以往沒有控制的輸入因子（x），他說了一句名言：「用製程管理圖分析之後，才發現工廠中的 x 掉滿地。」當年 7 月，三廠良率就達到歷史新高，奇美電子的品質表現從此改頭換面。

使用製程管理系統的企業，品質都能快速大幅度提升，而且成本效益相當好，不會像 TQM 需要投入大量人力，導致成本顯著上升。可惜的是，因為這個系統牽涉到整個製造，工程浩繁，工廠管理者要領悟這個系統已相當困難，要堅持落實執行更是困難。雖然根據以往經驗，推動整個製程管理系統只有初步建立時麻煩，實行之後就是正常品質管理的工作量，但是不良率會以等比級數下降，是值得在初期投資時間的努力。

| 穩定品質是提升效能的基石 |

永續企業經營協會會長　汪世堯

圖 4-14 ｜　電池串並聯後不良率倍數上升，導入 QMS 後，不良率減少了 50 倍。

認識詹老師之前，我因公司業務頻繁飛往世界各地，直到我因神戶電池關係企業，安培企業的諸多問題被召回。當年，安培企業生產鉛酸蓄電池的隔離板（separator），其中一個客戶是統一集團的子公司，而統一希望能提升供應商水準，選了五家供應商來參與詹老師的課，學習如何提升公司產品品質——這便是我與詹老師初識的契機。

調至安培企業擔任總經理隔年，我必須要兼任董事長，又過了六年後，我兼任了神戶電池的董事長，因此我將應用在安培企業的詹老師的各種工具引進神戶電池。當我接管神戶電池時，神戶電池營業額 17 億，虧損了幾億。導入詹老師的系統工具多年後，當我把公司賣給 HITACHI 時，營業額已經超過 80 億，獲利幾乎是每年一個資本額。

我接手安培企業時，公司有許多問題，包括產品老化、市場侷限在臺灣、人員老化、品質不良、沒有新技術……而在神戶電池，比較「驚悚」的問題是蓄電池串並連後的良率問題。在老師輔導品質提升之前，我們的總不良率已經低於 0.1%（1,000 ppm），遠優於日本與世界各地的爭對手。但是諸如數據中心等客戶需要足夠的瓦特數、電壓與容量，因此會將電池串並聯成很大的系統，使不良率倍數上升。比如，原本 0.1% 的不良率，在串並聯成 800 顆電池的電池組（battery set）後，會被提升至 80%（800,000 ppm）（圖 4-14）[34]。

電池看起來是個小東西，但影響的事情非常大，因為我們賣的不是個人電腦用的電池，能讓客戶在斷電的三分鐘內趕緊存檔關機就沒事了。我們的顧客端使用電池多是緊急情況，電池常被用於科技廠重要設備、保安系統、緊急照明、UPS、數據中心、金融機構、國防設備、飛航中心，甚至醫院重要的維生設備，一但斷電或者電壓不穩，損失難以估量。

品質管理系統是將沒有被管控的 x（因子）掌握，而不是讓這些 x 都掉在地上沒有人管，要是沒有持續管控 x，總有機會在某一天發生大災難。

當年，作為鉛酸蓄電池的龍頭，代表的不僅是我們的品質、研發、規模都是業界第一，也代表我們能在電池發生不良時，完全負擔顧客端的損失。曾有一個 x 被我們認為沒有風險，卻在某天倏然出錯，造成 7、8 億的損失，因為我們作為業界第一，就必須：(1) 調動所有材料，空運非常重的電池到全世界，以確保客戶的生產時程不被延誤；(2) 派遣專業人員到顧客端，以新的良品替換損壞的電池；(3) 在全世界各地報廢損壞的電池。這就是為什麼全世界前十大的個人 UPS 公司都是我們的顧客，因為我們才有這種全球服務的能力。

為了因應顧客需求，並確保電池品質，我們導入詹老師的品質管理系統（QMS）。鉛酸蓄電池的前工程是化工業線，我們用批量管理來穩定，而後工程是組裝，在 QMS 推行時，我們嚴謹點檢自前段化工到後段組裝的整段製程中的

　　34　一般串並聯組合的電池數多是 128、256……等等 2 個倍數。

重要 x，並重新找到所謂掉到地上的 x，一個個抓起來管控，規範檢驗頻率，適當放寬、加嚴。再用照妖鏡一般的 SPC 掌控生產流程之品質變化，用 FMEA 分析失效模式與失效原因。

我們十分重視趨勢；就像身體檢查不是只看每個指數是否合格，也需要看今年與去年的變化。趨勢讓我們能提前預防、改善、修正正在惡化的工序，並適當提高檢驗頻率，避免失效事件。解決該站問題後，又能將查偵頻率調降。

有趣的是，因為動態的管控製程，當我們品質提升時，我們的成本反而是下降的。很多企業都以為品質提升首先需要拉高成本──完全顛倒！做好 QMS 就是能夠讓你品質提升又降低成本。

在 QMS 中，浴缸曲線是一個重要概念，代表產品生命週期各階段的良率。而我們管控品質後，能將曲線兩側的斜率變得非常陡峭（圖 4-15），也就是將產品使用期間的失效率降至最低。推動詹老師的 QMS 後，我們將失效率降低

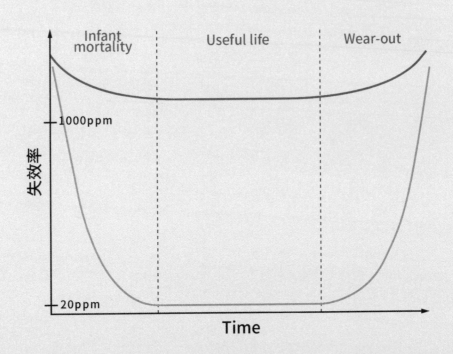

圖 4-15｜　在推動 QMS 後，電池的失效率從圖中上方曲線變為下方曲線，失效率大幅降低。

了 50 倍，每顆電池的失效率低至 0.002%（20 ppm）。

我們不僅用 QMS 管控自己的工序，也管理供應商進料的品質。光是鉛這個材料的供應可能就來自全世界十個國家，我們要去拜訪他們工廠，評估他們製程的控制能力，引導他們進步，甚至要請他們來上 QMS 的課程。引導我們的供應商進步，才有機會做得更好。此外，我們也導入 Poka-Yoke 防錯，比如在產品的設計上，為了避免客戶混淆陰極與陽極，我們將兩端子做得不一樣。

品質帶來的溢價使我們同規格電池售價總是比日本多 15%，當年台灣最大 UPS 公司的鄭董只給採購單位一句話，「沒有比神戶電池低 20% 的價格請不要進來談」——在注重高品質的企業之間，神戶電池可以說是完全沒有競爭對手。

QMS 不只是為了品質，它是一個企業要創新新產品設計的基礎。鐘型曲線讓我們重新審視公司產品的品質。當你一個產品的鐘型曲線很寬，代表你的產品製成後，各個參數差異甚大（也就是標準差大）。比如某個電池容量是 6 個安培小時，當你要提升容量至 7.2 時，若你的電池品質不好，容量一

開始就從 5 到 7 安培小時都有，很難成功穩定製造出電容 7.2 安培小時的電池（圖 4-16）。台灣很多企業混淆了效能（Performance）和品質（Quality），當品質穩定（鐘型曲線窄，見圖 4-17 箭頭所指之曲線）時，提升效能時才能成功改變產品參數、提升效能（見圖 4-18 實線位移至虛線）。

其實我長年來在經營企業遇到的困境非常多，因此只要有任何經營課程，我都一定會參加，然後設法將學來的東西用在經營上。我最早在 Panasonic 實習，後來也向 HITACHI 學習，也曾經想方設法至紐約 GE 大學學習，直到碰到詹老師對我而言才是最衝擊的，因為他將我以前所學的零碎的知識，整合成為一個系統。

我跟企業家朋友常說，製造業第一件大事就是把品質做好。其實要把品質做好，並不需要絕頂聰明，只要願意接受並認真去做我們引入的系統工具，一點一滴累積。所以我才常笑當年的團隊有牛一般的精神，一步步改善，慢慢把我們的浴缸曲線拉到最佳狀態——QMS 這樣一個系統帶來的是長遠的進步。在企業中一步步建構出完整的系統，才有辦法持續進步。

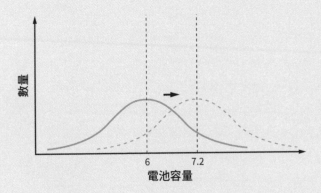

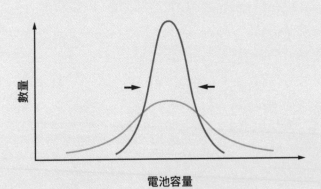

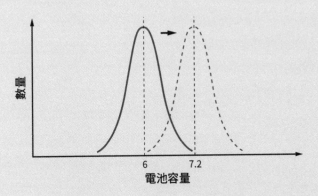

圖 4-16 | 　電池容量標準差大，提升性能困難。兩條曲線覆蓋率高，代表即使平
　　　　　均電池容量提升，實際上仍有許多電池容量並未在目標值。（上）
圖 4-17 | 　穩定品質，將標準差降低，使同規格產品各方面參數接近。（中）
圖 4-18 | 　因標準差較小，提升電池容量後，大部分電池的性能都有確實提升。
　　　　　（下）

5

Chapter

設計六標準差

　　設計六標準差深入我們的日常生活，從廚房的抽油煙機到臥室的冷氣，都是設計六標準差應用的一部分。

　　靈光一現誠然有機會能夠推出好產品，但大多數企業都無法持續推出令消費者耳目一新的產品，試著回答一個開放式的小問題來初步驗證「重現好概念」的困難度：

以下哪一部電影是你最沒有印象的？

a. 海底總動員（Finding Nemo）

b. 瓦力（WALL-E）

c. 異星戰場：強卡特戰記（John Carter）

　　以上三部電影的導演都是同一位，但是三部電影的票房與評價都不同，可見就算是拍出許多好電影的資深導演，沒有系統化的知識，也會有無法複製自己的成功的風險[1]。

　　而本章就是要談如何透過一套細緻全面的方法論來一再成功開發新產品。

1　對動畫不熟悉的讀者，可以試著回想自己是不是看過許多評價遠遠不如第一集好的續集電影。對電影不熟悉的讀者，則可以試想是否有許多音樂人熟為人知的歌曲只有一首。

　　1995 年，六標準差已經在美國企業如火如荼的展開，但也暴露了六標準差的侷限性——只能用在製造工程中。因此，各個推動六標準差的單位都想增加六標準差的應用範圍，大家首先想要開發的是可以運用在產品設計領域的六標準差，就是設計六標準差（Design for Six Sigma，DFSS）。

　　很快的，美國奇異公司開發出專屬的 DFSS，採用 DMADV 路徑，分別是 Define 定義、Measure測量、Analyze 分析、Design 設計、Verify 驗證。麥可·哈利（Mikel Harry）主持的六標準差學院也開發 DFSS，路徑是 IDOV，分別是 Identify 識別、Design 設計、Optimize 優化、Verify 驗證，後來有山寨版推出 IIDOV。SBTI 的 DFSS 由 Joseph P. Ficalora 領導一個團隊開發，路徑是 CDOC，分別是Concept 驗證、Design 設計、Optimize 優化、Capability 量產，後來的山寨版是 CDOV。

　　設計六標準差從一開始就有點尷尬，因為六標準差的研究對象是製造流程，改善製造流程就能改善品質。設計六標準差的研究對象是新產品設計流程（New Product Development Process，NPDP），而改善新產品設計流程並不能創出好的新產品。製造六標準差的核心觀念是整合統計與製造工程，但設計六標準差並沒有核心觀念，只是把一堆思考工具，像是品質機能展開（Quality Function Deployment，QFD）、關鍵參數管理（Critical Parameter Management，CPM）或是設計計分卡（Design Scorecard）整合在一起。問題是，把工具堆積在一起並無法開發出優異的新產品。因此，DFSS 的效益並沒有預期的高。在 2007 年，我還不知道 DFSS 有這個問題，那時我已經能夠順暢運用六標準差，對設計六標準差充滿無限憧憬。

　　2007 年 1 月 23 日，北京 SBTI 邀請美國 SBTI 的顧問到湖南長沙幫華菱鋼鐵集團講授 DFSS，當然是 CDOC 版本。我和張宗令博士很開心地一起報名參加。1 月的長沙十分寒冷，我和宗令每天早上步行去上課，感受台灣城市少有的低溫。SBTI 開發 CDOC 的團隊成員有許多來自麻省理工學院（Massachusetts Institute of Technology，MIT），所以在概念階段用了 MIT 的概念工程（Concept Engineering）方法。這個方法可以驗證產品開發團隊想的創意是否是顧客需要的。前幾天課程就讓我驚豔不已，我從長沙打電話給台灣神戶電池的汪世堯董事長，告訴他一定要在台灣神戶

電池引進這套課程。持續兩週的 DFSS 課程讓我大開眼界，但是在長沙的課程只有總課程的一半，因此，我回台灣之後開始策畫後段課程的學習。

我從北京 SBTI 得知，當年 SBTI 開發 DFSS 的團隊領導者是大鬍子 Joe（Joseph P. Ficalora），我問到 Joe 的電話並直接打電話到美國邀請他來台灣教導 DFSS。Joe 很訝異接到台灣的電話，他從沒到過台灣。那時他擔任 SBTI 技術副總裁，已經不親自講課，但願意來台灣為我們做簡報。我擔心 SBTI 的報價會超過台灣神戶電池的訓練預算，Joe 來簡報時，我們還特別邀請鴻海土城總部的人資主管一起聽簡報，萬一需要更多銀彈，就讓鴻海加入分擔。後來美國 SBTI 報價的課程費不貴，台灣神戶電池可以負擔；但是，對於第一次要導入的企業，美國 SBTI 要求額外支付一筆 60 萬美元的 IP 費用。IP 費用比課程費用高三倍以上，這的確有點吃不消。我請北京 SBTI 負責人幫我遊說，理由是，我是北京 SBTI 的策略管理講師，所以美國 SBTI 將 DFSS 傳授給北京 SBTI 講師算是內部知識轉移，應該免去 IP 費用。美國 SBTI 竟然答應了，我喜出望外，趕緊邀請 Joe 來台灣講授 DFSS 的後段課程。

課程日期分別是 2008 年 2 月 18 日至 22 日，以及 3 月 17 日至 21 日，一共兩週 10 天。Joe 是個不依照傳統方法講課的講師。他不像其他美國 SBTI 顧問，依照講義一頁一頁講述，而是以專業技術人員的溝通方式，告訴我們該如何思考與使用 DFSS 工具。Joe，是我見過最厲害的顧問，從第一天開始就讓我們大開眼界，他完美整合研發實務和 DFSS，完全不拘泥於講義內容。

從 2007 年到 2008 年學完四週的 DFSS，我感覺自己功力大增，開始在台灣神戶電池和奇美電子推行。一開始感覺不是很容易見到成效，當時，我還不知道為什麼，到後來才知道要實踐 DFSS 比想像的困難許多，第一個因素是如前文所提，DFSS 是改善研發流程而非聚焦在開發新產品；其次則是研發人員的慣性阻力。

2008 年 4 月 7 日應北京 SBTI 張軍副總的邀請，到山東的澳柯瑪協助他們開發新家電產品，那時的澳柯瑪正在進行企業變革，新任總經理需要有新產品來支持企業變革。我們按圖索驥，一步一步執行 DFSS 的第一階段概念工程。運氣很好，那一批用概念工程做的冰箱和冰櫃產品在 2008 年年底上市，市場反應很好，這不啻給我一劑強心針，DFSS 有機會實踐

成功，產生有競爭力的新產品。

我在澳柯瑪就開始改造 DFSS，我把這些協助研發思考的工具整合成為研發流程，直接協助企業用 DFSS 的研發流程開發新產品。也就是說，我並不是協助企業改善研發流程，而是自己先用 DFSS 整合一套研發流程，再用這個研發流程協助企業開發新產品。如此，我就可以把 DFSS 從改善研發流程的工具變成開發新產品的工具。在之後的研究中，我發現許多 DFSS 工具和開發產品的相關性不高，反而更多屬於研發管理工具，我儘量篩除這些管理工具，讓 DFSS 專注在開發新產品的實用工具。

在澳柯瑪之後，DFSS 的實踐之路一直停滯不前，最主要因素是研發工程師不認為有任何方法可以幫他們。研發工程師通常認為只要給他們一個自由發揮的空間，不要干涉他們，他們就能做出偉大的產品，但是長期以來，兩岸企業在這些驕傲工程師的肆意妄行之下，沒有做出任何偉大的產品。相反的，台灣產品同質化越來越嚴重，終端產品在世界市場多數鍛羽而歸，知名消費品品牌還是以歐美日產品為主。

一直到 2011 年，台灣櫻花和我展開一個大膽的計劃，DFSS 在台灣第一次見到曙光。

當年，我和台灣櫻花已經合作兩年，和台灣櫻花合作的策略推行之後，業績屢創新高，但是勁敵林內依然緊追在後。時任台灣櫻花執行副總林有土先生（現任台灣櫻花總經理）問我，台灣櫻花的下一步應該如何前進（圖 5-1）。我回答，開發適合台灣市場特色的廚具。當時的林執副認同這個觀點，於是，2011 年我們便開啟 DFSS 計劃。

2011 年台灣熱水器和廚具市場現狀是，熱水器、瓦斯爐和抽油煙機的價格大約都在台幣萬元以內，不同品牌商品大量同質化，主要以抄襲日本市場產品為主。台灣櫻花是台灣市場龍頭，日本林內緊追在後，兩者產品相似度高；前兩名之外還有喜特麗、莊頭北等其他品牌。台灣櫻花的經銷系統和售後服務遠勝過林內和其他競爭對手，但是產品評價低於林內。畢竟日本市場大於台灣，日本林內工業的研發資源也大於台灣櫻花。

同年的 12 月 21 日開始，我和台灣櫻花產品開發團隊運用 DFSS 啟動台灣櫻花的新產品開發計劃。我們一步步依照 DFSS 方法論執行，先建立初始概念，然後建立顧客需求研究計劃，尋找訪談對象，設計訪談問題，之後進行訪談，分析訪談結果。

圖 5-1 | 　　台灣櫻花林有土總經理與詹志輝顧問合照。

　　結果出乎意料，使用者對一些沿用許久的設計有諸多不滿，這些設計可能來自日本產品，因此與台灣的使用習慣不符，例如瓦斯爐爐架。台灣消費者會使用玻璃湯鍋或是燉湯的陶鍋，這類鍋子很容易滑鍋，所以需要摩擦力更好的瓦斯爐爐架，這樣的爐架還要能適應台灣家庭常用的大中華炒鍋。此外，台灣家庭的中華炒鍋尺寸是亞洲區最大的，使用完之後不容易找到瀝乾的放置區域，使用者會將中華炒鍋放在瓦斯爐上瀝乾，鍋具的滴水會弄濕瓦斯爐點火針，造成點火不易。而使用者對瓦斯爐最大的痛點是烹飪時溢湯，溢湯後的瓦斯爐很難被清理乾淨。

　　當時台灣沒有任何一款瓦斯爐可以解決這些使用者痛點，台灣櫻花開始設計一款完全差異化的 G2522 瓦斯爐（圖 5-2），容易清理、密封檯面、不滑鍋、不怕滴水的瓦斯爐。G2522 至 2012 年上市後，一直熱賣至今，成為台灣瓦斯爐的長青款，也是台灣有史以來出貨量最大的瓦斯爐單一機種。

　　另一項研究是抽油煙機，使用者在使用抽油煙機時最大痛點是金屬焊接處，這些焊接處容易卡油垢，清理不易，使用一段時間後，焊接處會產生縫隙，造成振動噪音。除此之外，使用者在烹飪後會持續開啟抽油煙機

圖 5-2 |　　台灣櫻花 G2522 瓦斯爐。

一段時間，以便把廚房殘留的油煙排出。我們為解決痛點設計出 DR3880 抽油煙機（圖 5-3），這款抽油煙機採用一體成型的中架版，沒有焊接處；並且有殘餘油煙排除裝置，還有一些解決其他痛點的設計。因為使用一體成型的中架版，模具費用很高，因此售價是舊款的兩倍，也是當時國產中式抽油煙機的最高價產品。一開始大家都懷疑這麼貴的國產中式抽油煙機賣得動嗎？沒想到第一年上市的銷售量是舊款的四倍，再乘以兩倍售價，總營收是舊款產品的八倍。

之後的台灣櫻花持續使用 DFSS 方法論，不斷推陳出新，設計出許多符合台灣消費者需求的創新產品，從此主導台灣廚衛產品市場走向。相反的，台灣櫻花的主要競爭對手林內工業，請來明星代言，短期增加一些市佔率，之後在產品創新無以為繼的狀況下，銷售額又逐漸下降。2021 年台灣櫻花在台灣市場瓦斯熱水器市佔率 56%、瓦斯爐 42%、抽油煙機 45%，遠遠拋開競爭對手，穩居台灣第一。

台灣櫻花兩個產品成功讓我有信心啟動美的電器的 DFSS。和精實生產一樣，美的電器組織找對 DFSS 有興趣的事業公司共同參與，這一次的課程意外開啟美的電器的產品再造計劃。

圖 5-3 ｜　台灣櫻花 DR3880 抽油煙機。

│ 深入生活，開發令消費者開心的產品 │

櫻花企劃處品牌總監　鄧淑貞（**Jessica**）

我從 2012 年開始接觸到詹老師的概念工程，當時全公司與產品開發有關的人員都有來上課，每個專案經理與團隊都需要提出案子。當年我是櫻花廚房電器的產品經理，跟著概念工程的步驟走，忽然就做出了兩個爆款——抽油煙機與瓦斯爐，這兩個產品至今仍是櫻花的長青款。

現在回想抽油煙機與瓦斯爐的成功，是因為當時確確實實抓到使用者的痛點。當時我們理所當然認為抽油煙機的痛點是噪音、吸力、清潔，但並沒有令消費者滿意的最佳解決方案，因此也是沒有用的。經過一連串入戶訪查，我們才發現當時市面上競爭品牌也都沒有發現的痛點——除味。在此之前，我們從未想過可以將除味放在產品開發流程中。

當年抽油煙機最高定價是一台新台幣 8,000 元，而我們使用概念工程開發的新產品定價則是新台幣 14,900 元。因為較高的定價，連我們自己都擔心這款抽油煙機的市場接受度。但現在抽油煙機已經邁入第十年的銷售，櫻花平均一年光是單一產品就能賣出一萬台，累計已經賣到十萬台，營業額與獲利都成績不俗。

有這樣非常成功的經驗，我們之後推出高價款產品更有信心，只要有不錯的產品解決了消費者痛點，我們就很有信心去定一個較高的價位。我們帶動了櫻花整個抽油煙機的產品線，使產品線的量與額都呈倍數成長，其中成長還大多來自高單價產品，現在我們最貴的抽油煙機已經賣到一台新台幣 3 萬元。之後較高價的歐化系列的主要模組也是延伸自 2012 年那款根據

概念工程設計的抽油煙機，歐化系列一開始在整個市場上只有四千台，如今已有七萬台。

品牌與產品是無法拆開的。如今概念工程早已經成為櫻花內部產品開發流程的一部分，櫻花的品牌形象、占有率、消費者滿意度，都因為概念工程而遠遠甩開同業。每年的理想品牌調查，我們的占有率都至少在 90% 以上，至少有一台櫻花產品的家庭則有 73.5%。

以往開發產品時，我們經常僅聽經銷商或上級的意見，沒有考慮過消費者在意的點。但學習過概念工程後，全公司都變成消費者導向，非常在意消費者的使用流程與使用體驗，會去聆聽消費者的聲音。

產品開發是很直接而深入生活的流程，上過概念工程後我對很多產品都變得很有興趣，不論入戶訪談時或是在日常生活中，我都會觀察各式產品，有時甚至會受到啟發。概念工程改變了我與團隊設計產品的態度，2012 年的我們考慮的是怎麼樣能讓產品賣得好，但堅持使用概念工程開發新產品後，整個團隊的共同目標轉變為開發出讓使用者很滿意、很開心的產品，這才是我們最終覺得有價值的產品。每半年新品滿意度調查時，只要回饋都很正向，大家都會很有成就感。

概念工程已經成為櫻花的是培訓流程之一，我的部門幾乎每個人都來上過詹老師的概念工程，而且重複來上課的比例很高，因為學了之後，成為好的設計師的勝算更大。上課回去後，上課同學必須要打逐字稿，把老師講的內容轉換成文字，變成內部教材兼 SOP，因為老師上課內容可能跟去年有所不同。每年新的專案經理和工業設計師入職後要先讀過這些文件，尤其沒上過課的新人更要先讀過，上課的回去還要回饋分享給部門同事。雖說學習過程比較辛苦，但是團隊成員都能在堅持學習概念工程後，在自己的產品上看到不錯的成果。

DFSS 的挑戰與整合

美的電器在精實生產取得優異的成效，各事業公司的庫存顯著下降，生產週期也大幅縮短，集團董事長推動 T+3，希望加快顧客訂貨後的交貨時間，精實生產正好提供最佳解決方案。在財務效益方面，一些工廠人均產能提高 25%，現金流提早四天。此時，美的生活電器的新任總經理李國林問我，下一步是什麼。我表示，美的電器需要創新的產品，拋開和競爭對手的同質化競爭。李總也認同這個觀點，他登高一呼，於是自 2014 年 7 月 10 日始，美的電器同時有九個產品小組一起推動 DFSS。

易安裝空調

家用空調產品小組的開發標的是外銷空調，目標市場是美洲和歐洲市場。開始研究時面對的第一個問題是，美洲和歐洲顧客對空調最大的痛點是什麼？美國房屋的空調主要用的是家用中央空調，西曬炙熱的房間會加裝移動式空調。公寓租屋會用到掛式空調，但是因為氣候溫和不炎熱，所以使用者對空調關注度不高。既然使用者關注度不高，痛點也不明顯，這樣應該如何設計空調呢？

在訪談顧客之後我們找到一個有別於大陸市場的情況，那就是通路商及使用者皆關注安裝和維護的便利性。在大陸和台灣，購買空調都是包含安裝工程，歐美市場的安裝需要另外付費，因此有些使用者會自行安裝。通路商會推薦容易安裝和維護的空調，自行安裝的使用者也會考量安裝和維護。於是我們決定開發一款易安裝易維護的空調。

美的空調小組非常積極，為完成任務，決定好開發方向後便做好使用者研究計劃，然後開始拜訪全球的空調安裝人員，除了美的空調自己的通路商還包含競爭對手的。在環繞全球的訪談之後發現，多數空調在安裝和保養上的確有許多痛點，讓安裝與保養人員感到極度不便。

空調安裝人員認為需要改善的地方，包含：打包帶位置需合理設置（容易搬運）；打包帶需牢固且鬆緊度合適；內外機要容易地從包裝內取出；需含裝箱清單；附件有固定位置；說明書內容簡潔，要以圖示說明為主；附送安裝螺釘位元和產品外觀的安裝紙板；安裝掛牆板打孔時易描

點，易定位；包裝泡沫使用 EPE[2]不好，建議使用 EPS[3]，因為抗壓能力更強；掛牆板強度很重要，需要很多不同形狀的孔；掛牆板需要與內機中心有相應的標識，方便對齊；掛牆板上方要能夠放水平儀；內機掛到掛牆板上，要有導入斜度，方便掛牆；安裝產品時，需要有個後支撐，建議提供標準件；背部走管空間要儘可能大，以方便走管安裝；出水管接頭、冷凝管接頭與掛牆板掛鉤要互相錯開；使用灰色出水接管；壓線卡距離接線座至少 30mm；壓線卡螺釘要易拆；不開面板可接連接線（方便接線）；易接線穿線；纏管方式優化；內機易掛；附帶自動膨脹密封。

美的空調小組成員針對這些問題逐一重新設計，於 2014 年 9 月 30 日正式推出易安裝空調。市場反應熱烈，銷售第一年利潤率超過 25%，銷售量超過 25 萬台，讓競爭對手包含 LG、格力、海爾、海信大感驚訝，趕緊開發類似產品。就這樣，DFSS 創造出一個易安裝空調的新品類空調，使全球掛式空調的安裝與維護設計邏輯發生根本性的變化。

火鍋電磁爐

在全球市場，電磁爐一直是簡單且成熟的產品，基本是老狗變不出新把戲了，所以當 DFSS 小組要開發電磁爐時，所有人，甚至開發團隊本身都不看好；一個既簡單又成熟的低階電器產品，如何開發創新產品？

開發小組很快遇到瓶頸，想不出什麼創意概念。我們重新出發，研究使用電磁爐的人群，很快的，透過調查結果找出購買電磁爐的人群有三種使用方式，這三種方式中，最大群體是用電磁爐來煮火鍋，而當時市場上所有的電磁爐沒有一款是為了煮火鍋而專門設計的。使用電磁爐煮火鍋最明顯的痛點是涮肉片。使用者必須先把火力調整到最大，丟入肉品，注意肉品熟度，等到肉品煮熟後撈起，再調小火力；涮個肉片竟然這麼麻煩！此外，使用者煮火鍋時不容易找到合適的工具，長度適中的筷子、漏勺、火鍋湯底料（例如花椒）的分離槽、煮特殊食材分離掛架等，買了電磁爐之後還需要把配件一一買齊，才能方便吃火鍋。

2　Expandable Polyethylene，聚乙烯泡沫塑料，俗稱珍珠棉。

　3　Expanded Polystyrene，聚苯乙烯泡沫，是一種輕型高分子聚合物。

美的生活電器電磁爐團隊花很多時間研究如何用電磁爐煮火鍋，注意！是研究煮火鍋，不是研究電磁爐，此為非常重要的關鍵。研發團隊經常利用中午時間在研發中心烹飪火鍋，探索火鍋的每一道程序需要什麼設計才能滿足使用者需求。最後從煮火鍋的過程，設計出全新產品。電磁爐有專用火鍋操作區，設定的標準程序有爆香底料、烹煮湯底、一鍵涮肉、一鍵煮青菜、一鍵保溫；再加上豐富的煮火鍋配件；最後保留一般電磁爐煮開水、煮湯功能，整合成火鍋專用電磁爐。火鍋電磁爐上市第一年就爆賣 30 萬台，成為當年大陸銷售第一的單品電磁爐，同時也是市場上所有電磁爐中利潤率最高的產品。

電飯煲（煮飯電鍋）

電飯煲是華東和華南家家戶戶必備的產品，兩岸的高檔電飯煲以日本品牌為主，國產品都是中檔次和低檔次。這一次，我們也做好產品研究計劃、設計訪談問題、找尋訪談對象，開始進行深度入戶訪談。果然，使用電飯煲的家庭主婦也有滿滿的痛點。從操控面板過於複雜、不易預約、無法決定米飯軟硬、無法在預約功能下加長烹飪時間、放米後忘了啟動開始鍵……等；接著是內膽，使用者抱怨內膽容易黏鍋、內膽塗層會被刮掉；配件不夠，例如好用的蒸籠；炊飯效果不佳、保溫一段時間後米飯口感不好……等。

美的生活電器的電飯煲小組針對這些問題逐一重新設計，包含簡單複雜並存的面板、預約操作方式、開發內膽、設計配件、調整米飯烹飪程序等。當然也是一上市就衝上市場銷售排名第一的寶座。

用心做出有溫度的好產品

美的生活電器創新中心主任　黃兵

電磁爐與電飯煲在市場上都是很成熟的產品，產品差異化不大，消費者多根據產品外觀選購。學習 DFSS 之前，我們開發新產品時，都是考量要定什麼價位、可以用多少成本、用什麼技術、出一個新的工業設計，再看能配什麼樣的外觀。因為當時電磁爐的外觀都不佳，一開始我們推出新產品時多是優化外觀，比如做得更薄。以前做產品用的是點狀思維，雖然會有消費研究、找出差異化，但都不成系統，只能仰賴技術人員的個人能力。當時的觀念是，產品上市後賣不好，就多出幾個，總有一個賣得好的。

在與詹志輝老師合作後，徹底扭轉我們的思維。老師將企業、消費者端的需求、產品開發、精實設計、產線設計、營銷推廣……每一步都教給我們，將每個方面整合在一起。使用 DFSS 這個工具時，首先內部要有構想、初始概念、有數據證實往這個方向做確實有目標人群，且這個目標人群的基數夠大，市場機會夠大。若你對這個產品的使用場景不夠熟悉，就要研究其他產品在同樣使用場景的解決方案是什麼，或是自己模擬消費者會遇到什麼痛點。

例如在開發新款電磁爐時，我們先製作了產品地圖，發現在大陸有一種烹飪模式是使用「主灶」燃氣灶加上「輔灶」電磁爐，也就是雖然有燃氣灶（瓦斯爐），但是覺得煤氣太貴，經常用電磁爐輔助炒菜做飯。我們發現在輔灶的使用場景中，用電磁爐來煮火鍋是最常見的，於是就定了這個「煮火鍋用電磁爐」的方向。

有了這個方向後，我們開始模

擬煮火鍋的場景，從過程中發現需求及痛點。比如涮肉煮豆腐的時候撈不到肉，若多撈幾次豆腐就碎在湯裡不見。吃羊肚、牛肚的時候，我們都知道涮七上八下剛剛好，口感脆，但常常把東西丟鍋裡了找不到，找到的時候都已經煮老了。此外筷子太短的話，撈菜時很容易被高溫蒸氣燙到。這些都是顧客使用電磁爐吃火鍋的痛點，而消費者使用體驗的好壞，會大大影響消費者對品牌的印象。

有了初步的概念及一個產品的構思，就可以根據自己擁有的技術背景和產業背景的解決方案，去評估產品要搭配哪些概念，訂出目標人群和目標價位。接著帶著明確目的進行訪談，檢驗你對消費者在該情境遇到的痛點的假設是否正確，挖掘你先前沒想到的消費者在該情境的解決方案。將概念整理後，再與專業部門討論、修正，確認你的解決方案是讓消費者有感的，且能達到目的。

比如，一個好的電飯煲，最基本的是煮出好吃的飯，但要如何證明你的飯好吃？消費者要如何才會相信產品的技術？再來要如何做到煮得又快又好吃？還有很多體驗問題，如蓋子滴水、零件拆洗是否簡易、內鍋位置擦拭是否順手。大陸

三代同堂多，有的長輩不會使用電飯煲，需要簡單的操作介面，如一鍵煮飯，也會在意顯示面板的字體大小；而年輕人想要高科技多功能，同時考量內膽的結實與精緻度。遇到這些痛點與需求，我們都需要依照根據不同情境、不同目標人群去定位產品方向。

經過大數據調研與擴大訪談確認，我們的解決方案是消費者能夠接受甚至感到驚喜的，就可以確認最終的產品概念。若產品的解決方案、成本技術方案與概念還原度都能達到，且產品與競品有差異化且具競爭力，即可推進產品可靠度設計、可製造性設計、成本設計、模塊（模組）設計、減低產品複雜度、減少新模組與零部件使用……這些都完成後才開始真正地設計產品。

學習 DFSS 後，我們建立了產業痛點庫與需求庫，再根據技術解決的複雜度匹配資源，安排技術解決的優先順序，規劃新產品開發時程。因為待解決的技術問題都來源於消費者真正的需求，因此技術問題一旦被克服，就能馬上應用到產品中。

使用 DFSS 有系統地去開發新產品，絕對比試著拍腦袋想出爆款產品要有效率且有效益。若隨意開

發產品，只有少數賣得好，又要重新開發產品來彌補這個缺口。想提升不優質的產品的銷量，就需要持續投入資源，若投入了資源，產品還是無法在市場上生存，最終就是導致企業內部損失、影響產品的生命週期，且讓買了該產品的消費者對你的品牌留下負面印象。相對的，用 DFSS 用心做出的好產品是有溫度的，會自己說話，消費者能感覺到你為他考量後設計出來的東西，這樣的產品才能碾壓競爭對手，讓企業持續盈利。

引發空調革命的產品

　　有一次我在審查學生們針對易清潔滅菌空調的入戶訪談內容，學生們很認真進行，並瞭解顧客的空調使用環境和相關電器設備。我詳細閱讀一份一份的訪談逐字稿，發現一個有趣的現象——對於在意環境的發燒友，家中控制環境的電器會有冷暖空調、除濕機、加濕機、空氣濾清器、新風機、風扇，他們透過多種設備想要控制環境，以獲得更好的空氣品質。但是像溫度、濕度和風是需要連動才能創造最佳環境，使用者即使買了這麼多環境電器也做不到設備之間的連動。

　　我開始思索，是否可以創造一台機器來滿足控制環境的需求，同時連控溫度、濕度、空氣潔淨度、氧濃度和風。我把這台機器取名——環境管理系統（Environment Management system，EMS）。我協助美的空調小組用 DFSS 開發 EMS，除了訪談顧客並完善相關概念，還協助開發小組做框架設計，提出各項技術解決方案。等到看起來有機會成功時，美的空調總經理對這產品有些疑慮，因為 EMS 不像以往市場所有的空調產品，是一款全新概念的產品。我提出一個簡單的觀點，請李國林總經理幫忙協助說服——假設 EMS 要花人民幣 2,000 萬開發，對美的空調而言，這不算太大的支出，即使失敗風險也不高。如果競爭對手先做成功了，美的空調就追不上了。這個論點奏效，EMS 正式開始開發。

　　EMS 正式上市後命名為 Air 空間站，推出第一年獲得三個國際家電大獎，一台售價兩萬人民幣以上的空調佔大陸空調市場 70% 的銷售量，第一年銷售額便超過五億人民幣。Air 空間站的設計觀點遠遠領先大金空調的溫濕連控，被稱為下一世代的空調，所有競爭對手瞠目結舌，只能抄襲跟進。DFSS 透過 EMS 創造一個新品類空調，引爆空調革命。

之後的其他產品

　　其他產品包含大陸市場第一名的破壁機、第一名的日本兩百升冰箱、熱賣的幾款微波爐、亞健康族群用的冷風扇、全家適用的無風感櫃式空調等，成功案例族繁不及備載。從來沒有單一課程能帶來這麼大的投資回報，課堂上開發的產品可以創造台幣幾十億的新營收，這是顧問界前所未有、聞所未聞的神話。

│ CDOC，實踐產品開發流程的最佳系統工具 │

前美的家用空調事業部總裁助理兼研發體系負責人　邱向偉

過去的美的家用空調事業部，與其他二、三線空調品牌一樣，在產品設計上，多是仿製市面競品，甚至出國考察日韓品牌後「致敬」，永遠只能跟在他人品牌後頭。產品毫無差異性及原創性，同質化極高，只能以削價競爭的方式，與同等級的競品品牌搶奪消費者市場。

我們沒有自己的研發系統，美的除了仿效他人，只能仰賴既有技術，有什麼就做什麼，或是遵循上級領導的想法來設計產品。有時，甚至連研發部門實驗出的新產品都會直接包裝上市——這些設計是否真的符合市場需求，是個問號。我認為，僅憑參考複製與腦力激盪來做產品研發，是很難在市場上擁有一席之地的。

2012 年，我們下定決心改變其研發策略，隨後引進國外知名顧問團隊的研發流程，試圖改善創新研發困境。顧問團隊的工作方式與美的相差甚遠，且整個框架並沒有系統，用戶調查非常少，導致實際運行非常不順利。最後耗費巨資，卻只解決了開發階段的框架及流程，最大的創新問題依舊存在。我們依然無法自行開發、不知道如何做出符合市場的產品、更不知道如何量產。

於 2014 年 7 月，美的家用空調事業部正式與詹志輝老師開啟合作，導入「CDOC」，並開始推動一系列的巨大變革。所謂的 CDOC，指的是由概念（Concept）、設計（Design）、優化（Optimize）、量產（Capability）四個層面組成，從設計師思維出發的系統方法論，創造出滿足顧客需求的創新設計。

在老師的指導與帶領下，我們開始針對全球的空調安裝人員進行實地訪談，對象亦包括美的空調自身，以及競爭對手的通路商。蒐集世界各地的訪談結果後，發現多數空調在安裝和保養上確實存在許多問題，讓安裝和保養人員感到很不方便。

我們逐漸轉變思維，施行不同以往的做法，開始針對這些經常被空調廠商忽略的客戶痛點，進行重新設計。同年 9 月在歐美市場推出易安裝空調，不僅能輕鬆架設在窗邊，完美搭配窗戶可開關的設計，契合喜愛開窗通風的歐美人士，隨時調節氣溫及換氣。

易安裝空調上市後，市場反應熱烈，同時也建立起專屬於我們美的空調事業部的產品研發流程。

2016 年，我們再度透過 CDOC 研發了一款前所未有的智能空調「Air 空間站」，將空氣調節的五個核心概念，包括溫度、濕度、清淨度、新鮮度及內外空氣循環功能，整合至一機當中。Air 空間站的全新設計觀點讓我們獲得好評，遠遠領先業界，甫推出便獲得三個國際家電大獎，在中國售價兩萬以上的空調市場占有高達七成的銷售量，首年銷售額突破五億人民幣。

如今 CDOC 方法論仍然持續運轉，我常告誡同仁，用心聆聽消費者的聲音，從最細微的痛點深入，研發符合市場需求的產品，並提高品牌辨識度。更為此特別成立了「用戶與 CDOC 部門」，訂下產品研發的統一語言與流程，並要求每位設計師都要具備「初心純正、腳踏實地、敏感細膩」的特質，遵守「為使用者帶來優質體驗」、「遵循重複流程以自動驗證」、「隨時保持觀察心態」的三大原則，不斷歸零再重新出發，回歸設計的初始目的。

重新完善 DFSS

2007～2008 年，我從 SBTI 學到的 DFSS 做不出這些成功的新產品，在美的電器能夠這麼成功是因為學生們和我共同持續研究，完善 DFSS 的內容。現在的 DFSS 已經日趨完善，可以用來開發各項 B2C 或 B2B 產品。SBTI 的 DFSS 分成四個階段，分別是Concept 概念、Design 設計、Optimize 優化、Capability 量產，我沒有改變這個路徑，只是往裡頭加入更多元素。

DFSS 的哲學，創造更好的社會

想要做好 DFSS，必須先瞭解 DFSS 的哲學。我們認為，當我們可以提供顧客更好的產品，會讓顧客覺得這個社會有人在做利他的產品設計，這會讓顧客覺得這個社會人人為我、我為人人，他也可以做利他的行為。就像兩位設計師匡山（Cliff Kuang）[4]及羅伯·法布坎（Robert Fabricant）[5]這麼看世界：「當我們能比較輕易地成為一個更好的人，我們當然就會成為更好的人。」

好的產品設計可以讓顧客相信社會是利他的，而非只重視自己的私利，這是 DFSS 的起念。

4　匡山（Cliff Kuang）為 Google 設計策略師，也是一位屢獲殊榮的記者與 UX 設計師，曾經擔任《快速企業》雜誌的使用者經驗部門主管和設計編輯，並在那裡創辦世界一流的設計刊物《共同設計》（Co.Design）。

5　羅伯·法布坎（Robert Fabricant）達爾博格設計公司（Dalberg Design）的共同創辦人，曾在國際間極負盛名的設計工作室「青蛙設計公司」（Frog Design）擔任創意副總裁。他得過眾多設計獎項，並在設計和社會影響力方面撰文和演講。

概念階段 Concept

概念是指針對未被解決的痛點、未被滿足的需求、未能完成的任務或是提供驚喜的解決方案。概念階段的任務是找出顧客需求和痛點，確認解決問題的概念設計。

創建概念

亨利‧福特（Henry Ford）是世界上第一位將裝配線概念實際應用在工廠並大量生產而獲得巨大成功者。亨利‧福特不是汽車或是裝配線的發明者，但他讓汽車在美國真正普及化。亨利‧福特曾說，「如果我問人們他們想要什麼，他們會說要跑得更快的馬。」（If I had asked people what they wanted, they would have said faster horses.）賈伯斯（Steve Jobs）抱持相近的觀點，他說：「消費者通常要看到產品，才會知道自己想要什麼。」（People don't know what they want until they've seen it.）他還曾經說：「我們不做市場調查，我們直接告訴消費者，他們想要什麼。」

產品設計師必須創建初始概念，透過自己的經驗和觀察，想像和推論顧客的需求。亨利‧福特和賈伯斯的想法從某一方面來說是正確的，在瞭解顧客之前，產品設計師就必須擁有自己的觀點，而非全無觀點，就去探尋顧客想法。因此，DFSS 的第一步是，產品設計師用自己的專業、經驗、敏銳度去創建初始概念。

新產品機會

在啟動新產品開發之初，產品設計師必須思考，你的產品構想從何而來。如果是海外品牌顧客要 ODM[6]，你想要產品有競爭力就必須思考，是否有機會在「顧客的想要」中加入什麼，可以協助品牌商創造更好的產品。如果是疊代的產品，就必須思考要加入什麼新概念才能吸引顧客，讓顧客覺得新產品比上一代產品更值得。

6　Original Design Manufacturer，原廠委託設計代工，又譯原始設計製造商，俗稱為貼牌生產。

　　有時，我們也會跟進競爭者的創新產品，這種情況想要後發先至，就必須解決新產品的使用痛點，這往往是創新者不會思考的。

　　產品設計師必須從產品構想的來源，決定產品概念方向包含較多概念或較少概念？更多創新概念或更多同質化概念？專注在概念的技術創新或流程創新？產品價格高或低？如此，才可以開始設計產品。

確認市場機會

　　確認市場機會主要在探討我們認為的產品機會真實存在嗎？要探討的包含新產品的目標客群是誰？目標客群的購買主因及考量？目標客群現在未被滿足的需求是什麼？如果不存在目標顧客，或是目標顧客的需求多數已經被滿足，這個市場機會就不一定很大。

　　其次要探討目標市場有多大？預估銷售量為何？影響獲利的主要因素是什麼？產業產品平均利潤如何？

　　最後研究競爭者，誰是我們的目標競爭者？目標競爭者的品牌定位和我們的差異？有高階競爭者嗎？有低階競爭者嗎？競爭者競爭力如何？我們的機會在哪裡？釐清這些問題，才能確保新產品有足夠市場和競爭機會。

新產品定位

　　如果能找到一群數量足夠而且有消費能力的利基顧客，他們有獨特的使用行為和需求，而這些需求並未被滿足，就有重新定位產品的機會。前文提及的火鍋電磁爐就是利用產品定位找出來的。又例如患有風濕的亞健康族群長期使用冷風扇，因為他們的身體狀況不適合使用空調。現有市場上的冷風扇並沒有滿足這群人的需求，因此，只要設計出符合亞健康族群使用的冷風扇就有機會在市場賣得不錯。

　　在電動助力自行車市場，歐洲顧客騎助力自行車上下班、日本顧客是用來載小孩買菜、美國顧客是為了運動，這是三種不同的產品需求和產品設計，必須針對不同顧客設計不同產品。微波爐顧客也分成好幾群，有些顧客只用微波爐加熱食物；有些家庭主婦每天用微波爐做一道菜，和瓦斯爐同步烹飪以縮短整體烹飪時間；而有些主婦只在週末用微波爐烹煮精緻菜餚。這三種顧客使用微波爐的行為完全不同，必須用不同微波爐來滿足。

定位有時也會來自地域，例如，大陸東北買壓力鍋主要是燉肉，湖南則是煮飯，廣州用來煲湯，不同區域的顧客需要的壓力鍋功能不同。

即使在 B2B 產品上，例如購買 CNC 工具機的需求也會不同，有一些是自己工廠加工使用，有一些是專業加工廠，幫顧客代工加工工作。這兩種情況所需求的 CNC 工具機特性也會有所不同，在控制面板設計或加工特性必須有不同概念。

概念工程，改變產品設計初心

美的前環境電器事業部用戶研究負責人　易洵芳

美的冷風扇市佔率高達30%，是業界第一，但因為沒有創新的新品，市佔率持續下降，甚至整個總銷量都在下滑。在接觸詹老師之前，美的曾嘗試 Design Thinking、與國際知名顧問公司或與大陸的高等學府合作，甚至舉辦創新設計大賽，但都無法將成果轉化成產品。之後我們嘗試研究用戶，但即使有了數據，也無法將之應用到創意新產品設計上。

從前我們僅能跟進競品或者跟隨領導人拍腦袋想出來的方案，在2015 年～2016 年上了詹老師的概念工程後，我們才開始學習一套有系統的創新思維模式，第一次上課時，就已有資深企劃人員提醒我們，詹老師的方法真的很好，一定要學起來。當時每個事業部都會帶上兩個項目，我們組的其中一個項目便是冷風扇。

在 DFSS 推動期間，我們透過調研發現亞健康人群對冷風扇的需求最高也最極致。在老師的指點下，我們針對這個族群（包含許多老年人）進行新產品開發，再透過外溢效應去覆蓋到其他族群。另外，配合概念工程設計出的調研結果也揭露了兩個痛點：

(1)很多人在睡覺時吹冷風扇，但是冷風扇的高度不夠，無法吹到床上。

(2)年紀較大的使用者只給冷風扇放冰袋，不放水，因為放水後風的濕度太高。

一開始，我們其實不瞭解 CDOC，還以為 CDOC 只是普通的用戶研究方法。所以在 DFSS 學習的初期，其實我們都只是執行者，連新的冷風扇應該要針對亞健康族群開發這點都是詹老師提的。當詹老師在美的推進概念工程時，會考量市場、競爭者、用戶、可實現技術、工廠可製造性……等等，並帶領整個團隊去將整個環節都拉在一起，包括產品企劃、工業設計、用戶研究、先行開發等等，讓所有人都抱著產品一定要做好的初心。當然很多項目內容都還是我們跟老師過了一遍後心裡才有底，才

讓詹老師帶著我們推進項目。

在調研並分析過後，我們針對新的冷風扇（圖 5-4）做出三個改動：

(1)風扇變頻，且讓風不要吹得太直，不會讓老年人吹得難受。

(2)將四方盒風扇改為塔式，出風口變高，範圍也變廣，可以在睡眠時使用。

(3)加入濕度調節與濕度監控，解決冷風扇濕度過高導致長者不適的問題。

因為冷風扇是集團項目，深受事業部重視，所以推進概念工程開發新產品的過程十分順利。2018 年實際推出產品時定價較高，一台冷風扇 2,199 人民幣，比空調還貴。但產品甫推出即成爆品，賣了 136 萬台，銷售額是行業第一。此外，競爭對手無法理解我們的產品優勢，加上我們的專利布局，起初完全跟不上我們的腳步。極佳的市場反饋讓整個事業部都見識到 DFSS 的效果，如今我們所有項目都需要通過 CDOC 的流程。

圖 5-4 ｜　　使用詹老師的概念工程所開發出之冷風扇。

建立核心概念

核心概念相較後面會提到的具體概念而言比較抽象、比較高階，一個核心概念會包含多個具體概念。我們會為每一個產品找尋 1～3 個核心概念。1～3 個核心概念組合之後必須具有普遍性，也就是這個概念組合滿足許多顧客而非少數顧客的需求；必須和競爭者產品產生組合差異化；對顧客必須有吸引力，所謂吸引力是指顧客覺得這個概念所要滿足的需求或是所要解決的痛點是重要的。

例如，大陸農村用的洗衣機，洗衣的婦女會將洗衣機移動到家戶外的空地，提水倒入洗衣機，用洗衣槽洗衣後將洗好衣服放入脫水槽脫水，洗衣槽繼續洗淨下一批衣服；使用者會頻繁操作洗衣機以清洗不同衣物。如此，農村婦女需要高交互、好移動、面板防水、雙桶獨立運作的洗衣機；這三個就是核心概念。

又例如，在炎熱夏天室內會使用空調，使用者需要可以配合空調使用的風扇，但春秋兩季天氣溫和，就需要風扇可以涼而不冷。巴慕達（BALMUDA）和美的清羽風扇的核心概念就是舒適的環繞風型風扇，可以配合空調，也可以在不炎熱的狀況下使用，風感極舒適。

對於臥室空調，使用者需要的是可以智慧變溫變風的設計，讓人可以一覺到天明，不用起身調整空調的設計；可以考量嬰幼兒同睡的風向和調溫；可以在出浴室時不會太涼；可以在室內練瑜珈或其他運動時快速制冷等等；這些就會是臥室空調的核心概念。

核心概念可以創造一種想像，讓使用者想像使用產品時的情境，如果這種想像是充滿愉悅的，就很容易打動顧客購買此一產品。

必要的同質化

新產品開發不能只有考量差異化，還需要瞭解之前的市場產品，包含競爭者產品，有哪一些被消費者青睞的概念，這就是同質化研究。對於冰箱而言，省電變頻、自動製冰、零度保鮮都已經是必要的同質化。對電動助力自行車而言，多種助力模式已經是所有車種提供的功能。對同質化也不是全盤接收，產品設計師必須考量哪些同質化概念必須被實現、哪些可以忽略、哪些必須被強化；篩選有用的同質化，以進入消費者選擇名單，拋棄不需要的同質化以降低成本。

使用地圖研究

接著是進行「使用地圖研究」，以找尋具體概念，並且整合核心概念與具體概念。

圖 5-5 │ 　　使用地圖研究。

使用地圖研究聚焦在顧客使用產品的流程。以風扇為例，顧客的使用流程會包含購買後攜帶回家的過程，回家後拆箱，拆箱後組裝，丟棄箱子、開始使用、清潔、多天收納風扇、維修等過程。這些過程中充滿痛點和未被滿足的需求，例如單人使用時，顧客希望風扇搖頭角度不要太大；若是多人使用，顧客則會希望搖頭角度大一點，但是多數風扇沒有調整搖頭角度的功能；或是風扇不容易拆卸清洗，導致風扇太髒；或是風扇尚無放置遙控器位置等。

使用地圖會分析使用者是誰？扮演什麼角色？使用者在使用時考慮誰？使用前的流程是什麼？使用流程是什麼？使用後有什麼流程？何時結束整個流程？什麼物件會和產品產生互動？使用者如何操作產品？產品在什麼環境進行使用？

例如設計針對印度專用的電磁爐時，就會研究印度人用電磁爐完成什麼任務？在使用電磁爐前後做哪些事情？如何烹煮奶茶？誰喝奶茶？如何加熱奶茶？如何烹飪餅？哪些菜餚使用燃氣灶？哪些使用電磁爐？誰使用電磁爐？如何調整火力大小？……等等問題。瞭解這些問題，就會發現印度電磁爐必須有一項和其他國家電磁爐都不一樣的設計──能只加熱一杯

奶茶的設計。這是在印度必須有的特殊功能，只有透過使用地圖研究才能發現。

使用地圖研究分成四個維度，包含時間軸、情境軸、不同使用者視角、高視角與低視角。

對大容量熱泵熱水器研究顯示，在農村或是二三線城市，最多人使用熱泵熱水器的時間是在假日或是過年，因為兒女媳婦女婿孫子回老家，需要大容量供應熱水。但是家人返回城市之後，反而需要小容量節能供應熱水，這是之前沒有任何人發現的概念。也就是說，大容量熱泵熱水器需要能平時減容節能供應，節假日增容供應。這是針對不同時間點發現的需求。

2015 年方太通過對大陸不同城市的家庭進行深度調研之後發現，和西式烹飪會用到多種廚具不同，中式烹飪大多為炒菜，且在炒菜的過程中會重複用同一個炒鍋。這造成了中西廚房水槽與洗碗機的需求不同——西式烹飪可以在用餐結束時一次性清洗所有廚具，而在中式烹飪中，清洗需要貫穿整個過程，做飯的人往往習慣同時做好幾件事，並且做到哪兒、洗到哪兒，以節省最後的清洗時間。這樣的發現讓他們意識到水槽在不同的節點承載著不一樣的作用，食材準備的時候，它是清潔的空間；炒菜進行中，它既是放置食材的空間，也是快速沖洗炒鍋的工具；在餐食結束後，它又成為深度清潔洗碗的空間。因此建議方太開發出熱賣的水槽洗碗機，這是屬於高視角使用地圖的發現。

在使用地圖中要挖掘更多的需求和痛點，會用到設計大師唐納‧諾曼（Donald A. Norman）[7]的方法。諾曼提出的需求和痛點方向有：

(1) 在特定使用情境下缺乏預設用途／直觀功能（Affordance）。

(2) 具有顧客需要的預設用途，但存在痛點。

(3) 過多顧客不需要的預設用途。

(4) 指意不清。

(5) 對應性不佳。

7　曾被美國《商業週刊》選為全球最具影響力設計師之一，著有《設計&未來生活》、《設計&日常生活》等書。

(6) 回饋性不佳。

(7) 錯誤操作。

(8) 不理解概念模型帶來的混淆。

(9) 擔心、憂慮。

從這九個方向可以在使用地圖中挖掘出許多未被滿足的需求和痛點，這些需求和痛點可以展開許多具體概念。

設計師創意

產品概念除了來自核心概念、同質化概念和使用地圖，產品設計師也必須透過專業和創意產生概念。例如吉利公司的 Venus Snap 女士用除毛刀，產品設計師菲莉帕・馬瑟西爾（Philippa Mothersill）將除毛刀把手設計成台幣 10 元硬幣大小，當使用者用拇指和食指握住除毛刀，就會習慣性地用比較輕柔的力氣操作。相反的，如果設計成五指可握的把手，使用者就會用比較大的力氣。這是設計師用經驗聯想的概念模型進行設計。

以及，標榜環保省油的福特 Fusion Hybrid 汽車的儀錶板，設計師戴夫・屈臣（Dave Watson）在儀錶板上設計綠葉圖樣，只要用省油方式開車，綠葉就會不斷生長蔓延，反之則綠葉消失；這個設計讓使用者驚豔，並且願意乖乖省油開車。這是屬於正增強回饋設計。

美的在設計 Air 空間站時運用了強化交互的設計方法，在室內空氣溫度、濕度、潔淨度、氧氣濃度不佳時會顯示紅色，讓使用者想要開機改善空氣品質。

這些概念充滿創意和專業，很難從顧客訪談得到，必須由產品設計師發揮專業設計能力。

創建初始概念

現在我們已經有產品定位、核心概念、同質化概念、使用地圖的具體概念、設計師創意專業概念，接著，必須要建立每一個概念的關鍵洞察。關鍵洞察必須建立每一個概念的 POV（Point of View）。POV 描述概念產生的情境、相關人物、問題或需求、解決方案。

例如，針對媽媽如何整理髒衣物的關鍵洞察是，受訪者（媽媽）在洗

澡前換下髒衣物，需要有一個妥善放置之處，並且可以適當分開衣服和襪子，或是分開外衣和內衣，因為受訪者不喜歡把髒衣物混在一起放置，也不喜歡家人隨意放置髒衣物。這代表使用者需要有放置髒衣服的洗衣籃，而且最好有一個小籃子可以單獨放置貼身衣物。

又例如，受訪者在把衣服從洗衣機拿出來之後，擔心有遺留衣服沒有拿取，但是滾桶內部又很暗，所以會用手檢查滾桶內壁是否有被遺漏的小件衣物。受訪者需要比較好的確認衣物遺留方式，可以是照明或是自動提醒。這代表受訪者需要洗衣機的槽內有照明設備，可以讓使用者目視觀察衣物是否有遺漏。

建立概念的 POV 之後，要根據 POV 挑選具有普遍性和具有吸引力的概念。然後將這次產品要實現的概念組合在一起，這一組概念要兼具同質化和差異化，兼具主要功能和輔助功能，兼具賣點型概念和體驗型概念。挑選概念時要考量實現概念的成本、考量技術可行性、考量消費者使用習慣、考量子系統是否過於龐大以及是否有不好的副作用。

如此，完成創建初始概念的工作。

設計產品虛擬原型

完成創建初始概念之後，要開始設計產品的虛擬原型，虛擬原型可以用 3D 列印或是模型的方式完成，也可以只完成設計草圖。在設計虛擬原型時要秉持三個原則：

一、解決方案不一定能夠把問題徹底解決，而是要創造有感的、比之前更好的效果。

二、儘可能使用現有框架、平台，除非一開始就定義為新平台。

三、儘可能使用現有模組（模塊）資源。

設計虛擬原型的步驟是：

(1) 選擇或設計產品框架。

(2) 確認重要概念。

(3) 提出每一個概念的設計構想。

(4) 整合概念成為虛擬原型。

唐納‧諾曼認為好設計必須具有可被發現（discoverability）和容易理解（understanding），就此他提出七項設計的基本原則也必須被考量，包含：

(1) 好設計必須具有可發現性。設計應該幫助使用者發現哪些操作是可能的，和瞭解設備的當前狀況。

(2) 好設計要設計好的回饋機制。對操作結果和當前狀況，提供完整和連續的訊息。當一個動作執行之後，很容易掌握新狀態。

(3) 形成容易理解的概念模型。提供形成一個良好概念模型所需的訊息，讓使用者得以理解，產生能掌握的感覺。概念模型能提高可發現性和對結果的評估。

(4) 具有重要的預設用途。使用適當的預設用途，讓必要的互動得以受注意。

(5) 指意清楚。指意的有效利用能確保可發現性，及對回饋的良好理解和表達。

(6) 良好的對應性。儘可能透過空間布局和時間上的配合，用良好的對應原則來安排控制器與行動之間的相對關係。

(7) 運用使用限制避免錯誤。提供物理、邏輯、語意和文化的使用侷限來引導行動，減少多餘的解釋。

迪特‧拉姆斯（Dieter Rams）[8]提出好設計的十項原則也值得參考：

(1) 好設計是創新的 Good design is innovative。

(2) 好設計是實用的 Good design makes a product useful。

(3) 好設計是美的 Good design is aesthetic。

(4) 好設計幫助產品被理解

　　Good design helps a product to be understood。

(5) 好設計是不突兀的 Good design is unobtrusive。

(6) 好設計是誠實的 Good design is honest（可以解決問題）。

(7) 好設計堅固耐用 Good design is durable。

8　著名德國工業設計師，出生於德國黑森邦威斯巴登市，與德國家電製造商百靈和機能主義設計學派關係密切。

(8) 好設計是細緻的 Good design is thorough to the last detail。

(9) 好設計是環保的 Good design is concerned with the environment。

(10) 好設計是極簡的 Good design is as little design as possible。

如此，可以完成創建初始概念的任務。

概念工程 Concept Engineering

全球的新產品開發流程最著名的是設計思考（Design Thinking），用的路徑是 EDIPT（Empathies 同理心，Define 定義問題，Ideate 形塑創意，Prototype 製作原型，Test 測試階段）。設計思考在全球擁有許多好設計，也幫聯合國用設計思考解決許多國家的社區問題。但是，設計思考在商業領域成功的量產品不多，在台灣電子業幾個用 EDIPT 開發的產品都以失敗作收，美的電器之前用 EDIPT 設計的四個產品也都沒有上市。

設計思考的 EDIPT 路徑和創建初始概念一致，可以挖掘許多概念。那麼，為什麼不容易在消費性產品成功呢？關鍵在於，設計思考沒有驗證概念的方法。

概念工程源自麻省理工學院，是驗證概念的方法，我們在上一程序所建立的概念，必須用概念工程進行驗證，確認我們所創建的概念的真實性。如果概念被驗證為偽，產品設計師就必須義無反顧的放棄這個概念，不能緊抓不放。

概念研究計劃

執行概念工程的第一步是，先把初始概念轉換為研究計劃，研究計劃是指如何研究一個概念的真偽，包含如何確認洞察是真實的？情境是真實的嗎？需求是真實的嗎？痛點是真實的嗎？概念具有吸引力嗎？有什麼好的解決方案呢？

研究計劃的三種方式是觀察、訪談或資料蒐集，我們對每一個概念進行必要的觀察、訪談或資料蒐集以確認概念的真實性。

設計訪談問題

建立研究計劃之後，研究計劃中的訪談必須被單獨拿出來設計訪談問

題。這些問題必須是基於我們要達成的目標、開放式的、針對不同的市場或是不同的訪談物件的層次（經理與使用者的問題是不一樣的）會有多樣性的變化、它是個指南而不是調查問卷、可以挖掘出使用經驗和需要。

針對每一個概念必須設計 6～10 個訪談問題。問題分成四類：

情境型問題	過去型問題	現在型問題	未來型問題
您首次購入電鍋後，使用前會先清洗嗎？	您買了新電鍋時通常會先怎麼清洗消毒？	您現在的清洗方式是什麼？清洗後還有什麼擔憂嗎？	您希望未來的電鍋能有什麼功能與設計？

圖 5-6 | 訪談問題範例。

第一類：情境型問題

用來確認我們假設的概念情境是否存在。例如，想要開發一個可以緩緩變暗的燈，以利臥室最後一個上床的人關燈，就必須先問使用者，你們晚上睡覺會關閉所有燈嗎？如果多數使用者都會留夜燈，緩暗燈的概念就不存在，我們設想的情境、概念也就沒有效益。

第二類：過去型問題

主要詢問使用者在過去經驗中存在的痛點。以緩暗燈為例，必須詢問使用者，你在睡覺前關燈，有遇到什麼問題或是痛點嗎？或是以變速箱油封為例，你在安裝變速箱油封過程中有遇到什麼困擾或是問題嗎？既然第一類問題確認我們假設的情境存在，第二類問題在探索情境中是否存在問題，如果不存在問題，一樣代表概念是無效的。

設計第二類問題時有一個重要技巧，不可以將我們預設的痛點包含在問題中。例如緩暗燈的問題，不可以提到最後一個關燈的人要到床上有看不見的困擾嗎？或是在騎乘電動助力自行車時，鍊條沒有蓋子會弄髒褲子嗎？我們必須隱藏這些在創建概念時設想的問題，如果使用者想不到這些問題或是有遇到這些問題但是想不起來，代表這些問題不重要。

第三類：現在型問題

當使用者在過去型問題提到有困擾或痛點，第三類問題就接著詢問使用者如何解決這類問題。如果使用者有設法解決問題，代表這個概念具有吸引力，讓使用者必須設法解決。如果使用者沒有解決這個問題，可能是針對這類產品使用者無法解決，或是這個痛點不是那麼嚴重，使用者不想解決。

第四類：未來型問題

這一類問題會繼續追問使用者，如果有機會再度購買相同產品，希望有什麼功能？或是希望廠商可以做什麼設計改善？或是下次會買哪一個品牌產品，為什麼？

設計第三和第四類問題時有一個重要原則，不能透漏我們想的任何解決方案。例如，使用者提到在不同濕度下空調的溫度必須改變，我們預想的解決方案是溫濕連動，但是所有訪談問題中不能出現溫濕連動的字眼。這樣才能確保概念的有效強度。

對於空氣清淨機濾網更換時機的問題，我們認為解決濾網壽命爭議最好的方法是在清淨機的進風口和出風口各放一個感應器，只要進風口的空氣品質不佳，出風口空氣品質佳，就代表還不用更換濾網。有一次在訪談空氣清淨機的使用者，使用者就提出，他會在空氣清淨機前後各加裝一個感應器，以判斷更換濾網時機。使用者的解決方法，和我們想做的一模一樣，這代表我們設計的概念是正確的。

從這四類問題，我們可以得知使用者是否有我們認知的使用情境，在這情境中是否有產品痛點或困擾，使用者如何解決現在的困擾，以及使用者希望我們如何解決問題。這樣的問題設計有許多好處，首先，使用者提出的困擾可能和我們想的不一樣，我們有機會知道原來不知道的痛點；其次，使用者現在的解決方案或是希望的解決方案可能是我們從未想過的，可以作為參考點；第三，使用者可能提出一些創造驚喜的設計；第四，使用者可能推翻我們以為使用者需要的概念，讓我們不會設計錯誤；最後，使用者可能給我們從未想過的全新概念。

選擇訪談對象

我們的訪談和觀察計劃很重要，因此必須找到正確的使用者才能得到有用的答案。

概念驗證的訪談對象不用太多，一般建議為 12～20 人，因為根據艾比・格里芬（Abbie Griffin）和約翰・理查德・豪瑟（John Richard Hauser）[9] 兩位學者研究，訪談 20 人之後繼續訪談得到的意見多數是重複的。訪談對象不能只有一般顧客，因為一般顧客能給的意見有限。而優質的訪談對象包含四種：

第一種：領先使用者

這群使用者很早就開始使用具有相同功能的產品，瞭解該類產品的利益，並且對早期使用的痛點有經驗。

第二種：發燒友

對該類產品具有高關注度的使用族群，他們比一般使用者對該品類產品投注更多關注和研究，詳知許多產品特性，以及瞭解產品之間的差異。發燒友還有以下特性，他們較常投入特定類別的產品、特別對這種產品的創新用途和新變化感興趣、較不在意價格、把產品應用在更多場合、把產品發揮更多用途；這些特性使發燒友對產品具有特別深入的理解。

第三種：重度使用者

長時間使用該品類的顧客。像是專業司機是汽車的重度使用者、餐廳廚師是烹飪刀具的重度使用者。重度使用者和發燒友不同，發燒友更關注產品的優點，重視使用者則普遍關注產品的缺點，因為那是他們必須每天面對的。

9　艾比・格里芬是猶他大學（The University of Utah）大衛埃克爾斯商學院（David Eccles School of Bussiness）市場營銷學教授。約翰・理查德・豪瑟是 MIT 史隆管理學院的營銷學教授和營銷學組負責人。二位在 1993 年於《Marketing Science》以 The Voice Of The Customer 為題發表了相關研究成果。

第四種：極端使用者

包含老人、兒童、孕婦、身體障礙者，極端使用者對產品有一些特殊關注的點，對一般使用者也可能相當有用。

美國退休企業家山繆・法伯（Samuel Farber）[10]和患有關節炎的妻子貝西・法伯（Betsy Farber）在南法度假，法伯看到妻子為了製作蘋果泥削蘋果時使用一般削皮刀很困難，於是開發一系列配有柔軟的塑料塗層黑色手柄的廚房用具，即使是關節炎患者也很容易使用。法伯於 1990 年再度創業，成立 OXO 公司來生產和銷售這一系列廚房用具。OXO 的初始產品便是觀察極端使用者的需求而開發，之後在市場上大受好評。

一般而言，12～20 個受訪談對象中，最多的是發燒友，其次是重度使用者，較少的是極端使用者和領先使用者。如果該品類已經在市場上存在三年以上，甚至不會找尋領先使用者。

進行訪談和觀察

針對初始概念，我們已經完成觀察計劃、訪談計劃和資料研究，針對訪談計劃已經設計好訪談問題，也找好訪談對象，下一個步驟就是進行訪談和觀察。

訪談和觀察儘量在顧客的使用場所進行，因為在使用場所時，受訪者能夠聯想更多的需求、痛點和解決方法。訪談小組的角色有主訪談員，主要依照訪談指引進行訪談；副訪談員，主要負責追問，或是提出訪談問題之外的問題；觀察員兼攝影、錄影、錄音員。這三個角色可以是分別的三個人，如果訪談預算拮据，可以由一人或兩人負責三個角色。有時產品設計人員也會跟隨到現場，受訪者有建議時，可以當場手繪被訪談員的解決方案。

訪談必須一方面嚴謹地依照訪談問題一一進行訪談，另一方面又必須隨時跟著受訪者重視的議題進行追問，以挖掘我們不知道的議題。訪談過程中特別重視顧客親身經驗，對於顧客猜想的使用情境產生的問題給予忽略。過程中也必須深入挖掘顧客在面對真實使用情境時的想法、做法以及

10　又稱 Sam Farber。

期望。

　　儘量採用開放式問題，只有在確認情境是否存在，以及再度確認受訪者意見時使用封閉式問題。絕對禁止使用引導性問題，例如詢問顧客，「如果風扇搖頭角度可調是否會比較便利？」這類引導性問題是絕對禁止的。訪談過程中儘量不要使用初始概念的字眼，以免引導顧客往這方面想，這會讓我們誤判概念對顧客的吸引力。

　　記住莊子在《莊子·知北遊》裡的文字：「正獲之問於監市履狶也，每下愈況。」每下愈況是指，越往細節研究，狀況就會越清楚。訪談過程中必須深入受訪者使用過程和想法的細節，細節處才有最寶貴的訊息。

　　訪談過程大約 1～3 小時，看受訪者狀況而定。一開始會先有大約 10 分鐘的寒暄，順便確認受訪者條件，之後正式訪談，最後會讓受訪者提出問題並回答，然後才結束訪談。一個特殊狀況是，如果第一天訪談不順利，受訪者對我們認定的痛點都沒反應，或是我們以為的情境根本不存在；當天晚上就必須修正訪談問題，甚至修正概念。

　　概念驗證訪談有別於田野工作調查和焦點團體訪談，使用技巧也完全不同。概念驗證訪談顧名思義，是為了驗證初始概念，並且拋磚引玉，從訪談過程中獲得其他未知的議題，這和其他訪談的方法是截然不同的。

訪談資料整理與建立第二次概念

　　訪談完畢必須儘早將訪談訊息整理成逐字稿，必須記錄受訪者原話，不要經過潤飾。

轉譯

　　回到公司後必須召開產品開發小組會議進行轉譯，讓每一個人開始詳讀訪談逐字稿，之後將逐字稿投影出來，從逐字稿中挖掘顧客痛點與期望，並且將痛點與期望轉換成顧客需求，寫成便利貼貼置在牆上。轉譯時必須注意幾個重點，採用非方案性的陳述、採用事實性的語言、採用多值語言、採用主動語態、正面的描述方式、具體清晰。

減半篩選

根據總體概念數的一半，決定每一個小組成員選擇張數（接著根據總體概念數篩選出一半的概念數，這將決定每一個小組成員的選擇張數）。請每一個產品小組成員選擇自己最認可的概念，大家輪流選取一張便利貼，每一位成員每次只能選一張，第一輪每位成員都挑選完後再進行第二輪，一直到選出一半的概念為止。最後，將剩餘的概念收好。

陳述 POV

接著請每一個成員用 POV 的方法陳述手中的概念，清楚說明何人在何時、用何物、做何事，遇到什麼痛點，並且有什麼解決的想法。這個概念可以如何解決這個 POV 的問題。其他小組成員可以補充資訊或是提出同理心說明，但是根據水平思考法的原則，此時不能有任何批評和反對意見。

　　　圖 5-7 |　　減半篩選範例。

選擇概念

分享完 POV 之後，分發給小組成員紅色小圓點貼紙，小組成員將小圓點貼紙貼在聆聽 POV 之後認為最吸引的概念。每輪只貼一點，同樣的便利貼如果已經有他人的紅色圓點，還是可以重複貼上。一直到超過一半的便利貼（也就是概念）都有兩個以上的紅色圓點，即可停止。

刪除不可行概念[11]

給予每個小組成員一個黑色小圓點，貼在他們認為不可行的概念上，並且說明不可行原因。如果超過半數成員認為此一概念不可行，就刪除這項概念。不可行原因包含實現概念的成本過高、技術可行性低、和消費者使用習慣不符、子系統是否過於龐大或有不好的副作用。

分組

將被選取的概念分組，創建標題，加入同質化概念。

確認第二次概念

將被選取的概念建立概念四格圖，探討是否需要增刪概念。再將概念打散分成幾類，可以低成本實現，應該立即實現的概念；缺乏短期技術實現能力的概念，列為長期技術研究；必須被實現的同質化概念；以及，必須進行擴大訪談的概念。

擴大訪談

現在我們已經完成概念驗證，但是仍然有一個風險；創建初始概念的是產品開發小組成員和外部專家，驗證概念的受訪者是發燒友、重度使用者、早期使用者和極端使用者，我們完全不瞭解一般使用者的觀點。理論上我們認為，上述創建概念和驗證概念的人可以引導一般使用者，但這依然是個風險。擴大訪談就是要彌平這個風險。

擴大訪談會在不同地點舉行，地點是產品銷售的目標區域，每一地點需要 25 名以上受訪者。如果有地點以外的區隔，如性別或年齡，必須做

11　非必要，可選擇不做。

好受訪者分群。訪談形式可以使用遠距問卷，也可以使用面對面的焦點團體問卷。使用遠距問卷時，要先對不同概念進行說明，然後讓受訪者排序，排出最多吸引力到最少吸引力的概念。如果採用面對面焦點團體訪談，就必須製作概念卡，對每一個概念進行講解，然後讓受訪者針對概念進行吸引力排序。訪談完畢就可以進行概念評分和排序。

選擇最終概念，再次設計產品虛擬原型

如此，就可以確認最終概念，現在可以重新設計產品虛擬原型，完成概念階段的所有工作。在此可以適當使用普氏矩陣（Pugh Matrix），對產品概念進行增刪。

品質功能展開[12]

品質功能展開（Quality Function Deployment，QFD）是概念階段和設計階段的交接文件，可以計算性價比，以及評估設計項目的重要性，共有八個步驟：

(1) 確定客戶需求的優先順序。

(2) 對我們現有的產品性能進行評定。

(3) 對競爭對手現有產品性能進行評定，並且計算和比較性價比。

(4) 確定物理／功能特徵。

(5) 客戶需要與產品的物理／功能特徵之間的關係。

(6) 交叉相乘。

(7) 給出物理／功能特徵對客戶需求的影響方向。

(8) 給產品功能特徵確定目標範圍。

(9) 相關矩陣。

12　非必要，可選擇不做。

產品地圖與框架設計：
獨立於研發流程之外的設計任務

產品地圖是指一家公司所有產品的分布狀況，一家公司即使沒有製作產品地圖，實際上還是有產品地圖，產品地圖管理是把產品規劃具體化，納入管理範圍。

產品地圖

產品地圖有三個目的：

(1) 讓顧客容易選擇產品。有些公司產品品項非常多，一味只顧著卡位，功能卻是錯亂無章的，使用者不知道怎麼選擇產品，甚至連業務和導購也無法說清楚該怎樣選擇產品，選擇困難症成為使用者購買產品的第一大痛點。

(2) 作為產品規劃、技術規劃的依據。有了產品地圖，產品企劃人員便可以根據產品地圖對產品和技術進行三年規劃、五年規劃，作為短中長期發展之用。

(3) 作為框架平台開發的依據。

產品地圖做得最成熟的產業是汽車業，像賓士汽車，就把產品規劃為 A、C、E、S 四個框架平台，在平台中各有四門車型、雙門車型、越野車型，有不同引擎模組，構成完整的產品地圖。而且高度使用共用模組，減少研發人員的負荷。

產品地圖會用 X-Y 軸的圖來表示，最基本的產品地圖在 X 軸表示顧客使用特性、情境或行為，Y 軸表示價格（圖 5-8）。例如微波爐的產品地圖 X 軸，就會以加熱解凍、日常烹飪、美味烹飪、全能烹飪四個項目表示，Y 軸則顯示價格，如此，微波爐要往何處發展就會很清楚，顧客也可以清楚根據自己的需求選擇微波爐。

X 軸上主要是開發不同框架平台，四種微波爐可以用四種框架，也可能在某一種類型微波爐上開發兩個以上的平台。Y 軸則會在平台上發展不同功率、功能，以做出價格差距。發展好產品地圖之後，就可以運用產品地圖進行產品規劃，產品地圖有幾個運用方向：

　　第一個產品地圖功能是創造選購競爭力，顧客很容易在你的產品中找到適合他的產品。當顧客越瞭解該選擇哪一種產品，就會更常選購這一個品牌產品。因此，清晰的產品地圖可以帶來選擇競爭力。

　　第二個功能是產品地圖建置完成之後，可以找尋產品地圖漏洞，以完善產品線。如果有些地圖位置是競爭對手有產品而我們沒有，就可以在產品地圖漏洞處開發新產品。

　　第三個是競爭規劃。我們把競爭者產品也納入產品地圖，比對相同位置，我們產品的功能價格和同級競爭對手產品相比是否有足夠競爭力。

　　第四個是產品設計指引。包含框架平台設計，相同的 X 軸向產品用相同框架，簡單明瞭。開發共用功能性模組，將共用模組用在不同產品平台。統一工業設計，在相同平台中採用相同風格的工業設計，以及為未來產品規劃做先期技術開發。

　　產品地圖擁有強大功能，是 DFSS 中一個獨立於流程之外的工作任務。

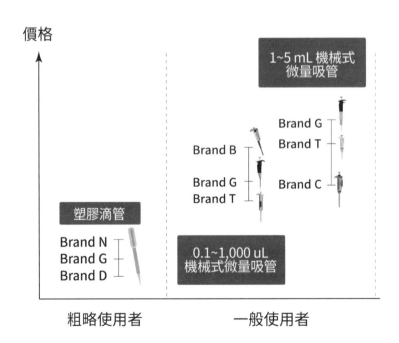

圖 5-8｜　　產品地圖研究。

共用框架（平台）設計

產品框架是指子系統和介面虛擬架構，被運用在系列產品的共同設計（圖 5-9）。第一階產品框架是畫出產品的超系統／系統／子系統，並且定義出超系統和系統的介面，以及系統和子系統介面。第二階產品框架是系統／子系統／組件，第三階是子系統／組件／零件。

我們必須根據產品地圖需求，規劃需要的產品框架。在設計每一個產品框架時必須注意幾個原則：

(1) 設計共用介面，讓子系統可以任意組合。

(2) 保持設計彈性，例如在賓士的 A 系列中，可以搭載 1.3 升引擎，也可以搭載 1.9 升引擎。

(3) 儘可能用 DFA（Design for Assembly）設計。DFA 有兩個設計方向，一個是少零件化，另一個是易組裝，在框架上用 DFA 可以讓這個平台的所有產品都易組裝和少零件化。

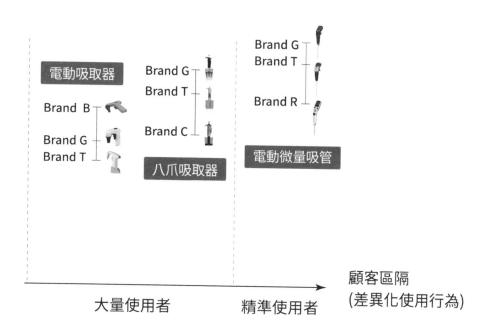

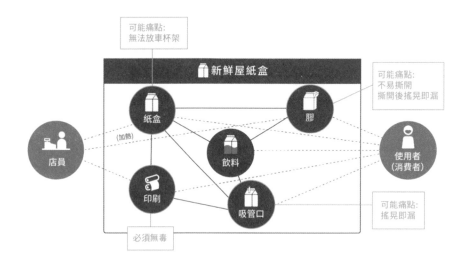

圖 5-9 │　　　產品框架範例。

　　整體框架設計必須考量最低成本；可擴展性，平台計劃中的下一個衍生產品可以使用現有架構；簡單，採用最少零件設計；重複使用；減少介面，每一個子系統模組小於等於兩個介面；穩健性，品質可靠耐用；國際化，考量運輸規格與多國規格；獨立設計，修改某一子系統模組時，不必修改其他模組或平台；結構完整，該有的都有；低複雜度，儘量減少模組數量；優雅，採用簡潔優雅的解決方案；製造性，可製造，可自動化製造；專利，無侵犯他人專利，並且有自身專利。

　　如此，整合產品地圖和產品框架平台，建立產品競爭力的基礎。

設計階段 Design

完成概念階段之後，要進入設計階段，實現概念階段的虛擬原型。

概念設計

我們在上一階段已經完成最終概念，現在必須把每一個概念實現在產品上。

選擇與設計產品框架

在選用框架之前必須先定義系統和子系統功能，然後從公司既有框架選擇最適合的。如果沒有合適框架，必須重新設計。重新設計會花費比較多時間，要延後產品上市時間，重新設計框架時要符合上一章節的框架設計原則。

選擇完框架必須選擇子系統功能模組，最好選擇既有功能模組，如果既有功能模組不適用，就局部修改功能模組，如果無法局部修改，就必須重新設計功能模組。全新模組越多，開發時程會越長，可靠度風險越高。

檢查功能模組之間的介面，必須符合框架平台共用性原則。完成選擇框架和決定模組是採用既有模組或新設計之後，可以先比較競爭者產品，看看競爭者產品的功能模組和我們的既有模組差異，必要時，必須參考競爭者產品的功能設計方案。採用既有框架、既有模組以及參考競爭者功能模組方案，儘可能完成 25～50% 的概念設計。

重新設計系統

需要重新設計系統的產品只佔產品設計中不到 1% 的比例，通常源自於業界有新技術、新知識、新材料、新製程設備，或是採用新專利。例如無反光鏡單眼相機之於單眼相機就是新系統產品、無葉風扇和對旋風扇之於一般風扇、捕蚊器之於捕蚊燈、隨身碟之於磁片，這些都是重新設計系統的產品。

發展概念構想

發展概念構想是指直接針對概念進行設計，一般會局部改變現有功能

模組或是重新設計功能模組。

(1) 優化現有子系統功能模組的設計。例如，台灣櫻花瓦斯爐上的雙炫火，可以比原來爐頭有更好的熱效率和火力均勻度，讓烹飪更快速均勻。美的電器的高階冰箱有原生態農場蔬果保存室，透過紫外線殺菌、保濕、空氣流動，保持蔬果產品的新鮮度。美的怪獸風扇，改變傳統扇葉設計，讓送風距離超過 10 公尺，都是優化現有子系統功能模組。

(2) 新增功能模組。例如櫻花高階熱水器在熱水器中新增一個加壓泵，讓熱水流量變大。帥康在瓦斯爐上加裝氣流隔煙罩，阻隔油煙逃逸。

(3) 轉變超系統為子系統。例如，買電飯煲可能會用蒸籠蒸饅頭，可以把蒸籠從超系統變成子系統；多數買微波爐的人會買架子，將微波爐放在架子上或架子下，因此，可以把架子從超系統變為子系統。

(4) 整合前後流程進入產品。

(5) 例如前面提到櫻花 DR3880，使用者在烹飪完畢後會繼續開著抽油煙機排氣，DR3880 就把這個過程整合進入機器功能。

(6) 整合不同平台。

我用一個模型來解釋發展概念的原理。首先我們聚焦在一項痛點、概念或需求，我們找尋系統機會，判斷是在超系統、系統、子系統、組件或零件層級解決問題最適當，然後我們檢視現有可用技術、可用資源，並瞭解設計限制，然後開始發想解決方案。

如此，我們可以找到滿滿的創意並且創造無數專利。

獨立的學習主題，創意問題解決理論
（Theoria Resheneyva Isobretatelskehuh Zadach，TRIZ）

發展概念設計時，可以學習 TRIZ 方法，會有助於思考。

TRIZ 創始人是蘇聯的阿奇舒勒（Genrich Altshuller，1926～1998），阿奇舒勒有許多傳奇事蹟，他過世後留下許多徒弟繼續傳授 TRIZ。我在 2008 年 3 月 24 日第一次到新竹學習 TRIZ 時就感到頭暈目眩，這個東西真的有效嗎？之後在台灣又學習兩次 TRIZ 都無功而返。有一次是朋友推薦的優秀 TRIZ 老師，我自己付全額費用請他來授課，讓台灣櫻花和其他有興趣學生一起參與。結果所有人都沒學到任何東西。一直到 2013 年 7 月 5 日在華星光電副總裁陳立宜和品質總監陳嘉麟的協助之下，我們請

來阿奇舒勒的年輕徒弟謝爾蓋（Sergei Ikovenko），謝爾蓋在蘇聯解體不久後就到美國，現在是 MIT 的客座教授。他的觀點和我在台灣遇到的其他三個老師完全不同，更客觀、更中立，並且認為可以將 TRIZ 整合到 DFSS 裡。

很可惜的是，當我嘗試整合 TRIZ 到 DFSS 之後，沒有任何一個專案項目能把 TRIZ 工具用上。所以我們就把 TRIZ 當做單純的學習工具。許多老師把 TRIZ 吹捧上天，事實上，TRIZ 幾乎沒有成功推出任何消費性商品，TRIZ 和太極拳一樣，容易教學，但不易使用。因此，我把謝爾蓋老師的內容當作獨立工具，讓學習者可以在實現概念時用上 TRIZ 的思考方法。

功能分析（**Function Analysis，FA**）

功能分析是 TRIZ 的重要基礎工作，用來分析各元件做功（work）的方向。功能分析的三個步驟分別是零件分析、界面分析和建立功能模型。功能分析的形式很好，例如，對功能的定義，包含功能載具和功能目標都是零件（可能是質或場）、兩者有互動、作用之後，功能目標的參數會改變。這讓我們分析過程更清晰。功能分析也定義功能的種類，包含主要功能，系統的主要功能；基本功能，對主要對象執行功能；附加功能，對超系統執行功能；輔助功能，對其他零件執行功能。除了有用功能也分析有害功能。而且可以把質場分析和功能分析整合，可以思考的範圍又更廣。

但是功能分析有一個致命缺點，不符合物理原理。這是 TRIZ 一貫的問題，和其他科學無法搭配。因此，我把功能分析改為微觀分析，以能量、場和力作為分析的基本要素，和物理學直接整合。

我現在都用物理學的微觀分析工作，這來自於 TRIZ 功能分析對我的啟發。

技術矛盾與 40 個發明原理

技術矛盾與 40 個發明原理是 TRIZ 中最耳熟能詳的工具，可以解決技術矛盾（工程矛盾），40 個發明原理也可以單獨作為發想概念設計的方法。

物理矛盾與分離原則

用空間分離、時間分離、條件分離、系統級別分離，這四種分離原則發想概念設計。

質場模型與 76 標準解

用 76 標準解發想概念設計。

TRIZ 的小結

我長期學習和運用 TRIZ 的經驗，對 TRIZ 有個小結論，TRIZ 是無用之用的工具。

TRIZ 的無用在於，像 TRIZ 中 Trimming 和 DFA 的功能相同，但是技術根本是小巫見大巫，和 DFA 相比，Trimming 簡單得像笑話。TRIZ 的功能分析和質場分析，因為和物理學不符合，所以根本無法發揮作用。TRIZ 的無用之用在於，學習 TRIZ 之後思考會變得很靈光，可以增加許多創意，思考方向也被拓展為全方位。因此，我認為 TRIZ 是一個非常好的獨立學習主題，以增加我們的思考廣度。

技術解決方案，DRIHV

完成概念設計之後，90% 以上的概念都會被實現，基本上產品設計已經接近完成。尤其是差異化概念。因為差異化概念的特色是競爭對手想不到而非做不到，只要想到就很容易做到。

定義問題 D	研究 R	微觀推論 I	提出假設 H	驗證 V
・建立整體推論 ・建立技術地圖 ・技術問題、 　品質問題、 　新技術...	・被觀察的現象 ・探索現象 ・經驗 ・敘述統計 ・文獻 ・已知知識和理論	・因果律	・H_0 & H_a	・排除法 ・單因子實驗(OFAT) ・多變量研究(MVS) ・實驗設計

圖 5-10 ｜ DRIHV 路徑。

同質化概念一般是大家想得到卻做不到，尤其產品的性能表現。此時我們會用 DRIHV 解決新產品開發時遇到的技術難題。DRIHV 是技術六標準差的路徑，請參考前一章節內容。如此，框架設計加上概念設計再加上 DRIHV 可以讓我們完成產品設計。

工業設計的原則

完成概念設計和技術解決方案之後，設計階段最後一項工作是工業設計。1901 年被提出的工業設計原則是，好的工業設計需要讓產品改變傳統造型、改變製造的素材或改變生產方式。

德瑞佛斯（Henry Dreyfuss）在 1937 年為貝爾設計的電話 Model 302 是工業設計的經典，Model 302 設計的話筒已經成為電話的標準圖標，一端講話另一端接聽。電話外觀線條優雅、外型簡潔，根本是藝術品等級。

我們可以從 Model 302 看到工業設計的原則。首先工業設計要滿足概念需求，Model 302 讓接聽電話變得更容易，一個只有外觀漂亮而不好用的產品，是不合格的產品。其次，Model 302 的造型有別於之前的其他產品，改變了直線和曲線的組合；產品要吸睛，就必須和其他同類不一樣，這是因為大腦會被外觀不同的物件吸引。第三，Model 302 簡潔優雅，符合視覺舒適的比例。

我們總結工業設計重點如下：

(1) 實現概念，最好可以將工業設計與概念結合，能達到最佳效果。例如前文所提 OXO 的廚房用具有柔軟的塑料塗層手柄的，這樣的工業設計同時讓關節炎患者可以輕鬆使用。

(2) 改變傳統造型：重新組合方、圓與配色。

(3) 改變素材。例如在汽車前飾板加入木質材料。

(4) 建立辨識元素：賦予辨識元素意義。例如 BALMUDA 或柳宗理，有非常容易辨識的元素。

(5) 將關聯情緒置入設計。

(6) 簡潔優雅。

(7) 容易理解，儘可能讓使用者不用使用手冊就能上手。

(8) 根據產品特性與目標顧客群體選擇設計風格。

　　登山用品巴塔哥尼亞（Patagonia）的創辦人依方・周依納德（Yvon Chouinard）提到他們的產品設計原則是：「我們的裝備與眾不同在於擁有最簡潔的線條。而且我們的裝備也是使用時最輕、最強韌、功能最佳的裝備。其他設計師在改良裝備時會添加元素，但是德瑞佛斯和我則為以消去法來達到相同效果，減輕工具的重量和體積，同時又不會犧牲強韌度獲保護度。」

　　小王子的作者飛行員安托萬・德・聖修伯里（Antoine de Saint-Exupéry）提到：「一切人類製造的東西、一切工業結晶……所有用來繪製草稿和藍圖的夜晚等等，在經歷一切努力後的終點，其唯一指導原則只是終極的簡單。似乎有一條自然法則注定讓人走到這結果，讓人精鍊某一器物的曲線，可能是船的龍骨、也可能是飛機機身，直到器物顯露出最自然、最純粹的人類胸型或肩膀的曲線，這段過程必須經過好幾代工匠的實驗。最後終於達到完美時，並不是因為已經沒有可以添加的部分，而是因為已經沒有可以消去的部分，因為軀體已經被褪除到最初的原貌。」

　　如果產品功能需要複雜，就必須用簡單複雜共存的設計方法來解決。

優化階段 Optimize

我們在設計階段完成產品設計，基本上多數設計工作已經完成，優化階段的任務是調整設計和強化品質。優化階段有四個主要工作，DFA、允差設計、設計失效模式分析和可靠度驗證。

Design for Assembly，DFA

DFA 的任務在於減少零件數和讓產品變得容易生產，這一部份請參考前文精實生產。

允差設計 Tolerance Design

允差設計的任務是為每一個零件標上尺寸和公差。

在台灣，我每次問設計人員，如何標定零件公差，多數設計人員會告訴我，用經驗，這當然是不對的做法。所以，我看到台灣設計和製造的產品，如果遇到需要嚴格的間隙要求，經常有干涉或間隙過大的現象。

我的好朋友鐿鈦科技的蔡董是加工業界公差的權威人士之一，他跟我說過一句話：「間隙決定機械性能。」而公差決定間隙。公差設計步驟如下：

(1) 透過實驗決定間隙尺寸與間隙公差。這句話看起來簡單，實際絕非如此。例如電飯煲的開蓋順暢度，如果卡榫間隙太小會造成開蓋失敗，卡準間隙太大會造成跳煲，因此要透過實驗確定間隙尺寸的規格上限（Upper Gap Limit，UGL）和規格下限（Lower Gap Limit，LGL），才能順暢開蓋又不跳煲。問題是，我看到多數的台灣產品設計時只會有零件公差，不會有間隙公差，間隙公差等於是為一個空間而非材料訂定公差，這對多數產品開發人員而言是奇怪的事情。

(2) 建立關聯零件關係。

(3) 用 Root-Sum-Squares（RSS）進行公差分配。

(4) 如果無法達成，必須改變零件尺寸或改變零件公差，之後重新用 RSS 計算。

如此，完成每一個零件的尺寸與公差設計。

設計失效模式與效應分析（Design Failure Modes and Effects Analysis，DFMEA）與設計規範（Design Rules）

失效模式與效應分析（Failure Modes and Effects Analysis，FMEA）的原型是於 1949 年由美國軍方提出的失效模式、效應與關鍵性分析流程（Procedures for Performing a Failure Mode, Effects and Criticality Analysis），也就是 MIL-P-1629。1960 年代，FMEA 被應用在航太技術和火箭製造領域，以避免代價高昂的火箭技術發生差錯，其中一個著名的例子就是阿波羅太空計劃。在 1970 年代，美國海軍根據 FMEA 原則提出 MIL-STD-1629，而福特汽車則在 Pinto 事件後引入 FMEA，自此 FMEA 開始被普遍使用在汽車行業，發展出了各種共通標準，包含 VDA4、QS9000 和 ISO/TS 16949。1990 年代開始，FMEA 則開始被應用在醫療與電信工程。

FMEA 在軍方和航太產業用得很好，進入企業界就開始水土不服，而福特汽車公司雖然採用 FMEA，還是繼續以爛品質著稱。這是因為多數企業把 FMEA 當作書面作業，只是做做樣子不會真正執行。為什麼會這樣呢？這就要瞭解 FMEA 的內涵，才能理解為什麼沒有人會真正執行 FMEA。

FMEA 的任務是達到零缺陷（Zero defect），因此會分析潛在失效模式，並且透過設計防止潛在失效模式的發生。所謂潛在失效模式是指沒有發生但有機會發生的失效，要阻擋所有潛在失效模式必須花費很大的人力和成本。而不計成本阻止失效的產業只有軍事產業、航太和核能。軍事產品的失效可能導致戰爭失敗，航太產品失效會造成人員死亡，核能產品失效會造成大規模汙染，因此，這些產業必須不計成本阻止失效發生。如果家中的瓦斯爐故障無法使用，那當天就購買外食，不會造成人員傷亡，維修成本也不高。因為預防潛在失效模式的發生成本會遠高於失效的處理成本，所以 FMEA 不適用。

前文提到六標準差使用 FMEA 並非一般 FMEA，而是分析輸入因子的 FMEA，主要作為分析而非預防潛在失效，而 DFSS 中的 DFMEA 也非作為潛在失效模式使用。DFSS 中的 DFMEA（圖 5-11）主要分析已經發生的失效，把過去同類型的產品失效模式記錄在 DFMEA 表格中的失效模

分析									計畫			成效			
設計特徵/功能	潛在失效模式	潛在失效影響	嚴重性(S)	潛在失效原因	發生性(O)	當前製程管制	偵測性(D)	R P N	建議改善行動	負責人員	實際改善行動	S	O	D	R

圖 **5-11** │　　　DFMEA 表格。

式，接著根據過去的實際經驗，寫下 1～4 個主要原因，最後寫下應對這些失效原因的現在設計方案。這些設計方案形成設計規範，只要可以遵循這些設計規範，原來的失效模式就不會發生。如此，可以阻斷失效再發。

如果既有產品或是擁有新模組的產品在製程 FQC 發現不良，或是有客訴，使用六標準差方法探討問題根因，當根因被確認之後，透過設計變更更改設計，把新設計記錄在 DFMEA。如果一年內失效現象沒有再發，代表新設計可以，就將新設計記錄到現在設計方案，成為新的設計規範。如此，DFMEA 會成為設計規範的知識庫，只要認真閱讀依照設計規範行事過就不會出錯。

在設計審查時，可以由設計品管（Design Quality Check，DQC）檢查一次，是否所有設計方案都依照設計規範，避開可能的失效。這樣一來，就可以確保設計失效的風險降到最低。

可靠度驗證計劃

以前聽過一種謬論，產品不要做太好，這樣產品不壞消費者就不會再度購買。真正的狀況是，當你的產品很容易損壞，消費者的確不得不再度購買，但是不會再買你的產品。相反的，如果產品耐用不故障，當消費者要購買新一代產品時，你的品牌還會是消費者的首選。

保固期限是一個錯誤的觀點。如果廠商製造品質不佳的產品，但是熬過一年或兩年保固期才故障，消費者就必須付費維修製造不良的產品。廠商的保固責任應該是永遠的，保固期保護的是產品磨損或是人為使用不當之下損壞讓廠商不用負責，如果歸因於廠商設計或製造不良，廠商永遠都必須負責任。像 Darn Tough 的羊毛襪，或是部分隨身碟品牌，都採取永久保固政策，才是正確的態度。

　　製造耐用不故障的產品是最環保的，對地球最友善，也有助於維護長期品牌聲譽，讓企業得以擁有更好的銷售和獲利。想做出耐用不故障的產品，產品可靠度驗證就相當重要了。我最喜歡一個對產品可靠度的定義，這個定義嚴格來說不是正確的，但是很有意思。可靠度就是 The products works, and works, and works, and works, ... 或是 The product works when and where the customer needs it to. 哈哈！

　　DFSS 的可靠度並非可靠度工程，只是可靠度驗證而已。可靠度驗證包含三個部分的驗證計劃：

　　(1) Design Assessment Reliability Test，DART。這是在產品量產之前的驗證，主要驗證功能是否能被實現。

　　(2) Highly Accelerated Testing，HALT。主要測試介面弱點，以防止產品發生使用期失效。

　　(3) Accelerated Testing，ALT。主要做耐久性測試。透過這三個測試可以瞭解產品的功能是否可以實現、使用階段是否會發生品質問題、產品最終壽命時間。如此，得以確保產品可靠度。

　　可靠度中還有一個漏洞，是初期製造不良，這個漏洞會在量產驗證解決。

量產階段 Capability

量產階段的工作主要是設計製造產品的生產線，驗證生產線的可靠度，以及控制生產品質。

產線設計

產線設計會引進精實生產的產線設計方法，請參考前文精實生產部分。

量產驗證計劃

量產驗證計劃的任務是驗證製造可行性：

(1) 把產線空下來，準備生產一個批量的新產品。批量數依照不同產品決定，最好超過 25 個單位。

(2) 量測所有可以量測的原材物料，每種原材物料量測 25 個以上數據，用敘述統計進行分析。如果有組合件，必須用 RSS 分析間隙公差。確保所有原材物料合格。

(3) 確認製程中可以把半成品取出量測的工作站，安排量測量具和量測人員。

(4) 確認研發和工程設計的輸入條件，並且教育所有製造人員。

(5) 投料進行試量產。在每一個可以把半成品取出量測的工作站進行量測，並且作敘述統計分析，如果數據有任何異常，停下來討論再決定是否持續生產。

(6) 重複步驟 5，一直到完成試量產工作，並量測成品性能與品質。

(7) 如果成品性能與品質合格，將成品投入 ALT 測試。

(8) 確認所有輸入參數與輸出量測數據常模，作為正式量產時的輸入參數與輸出量測數據參考。

許多企業從開發到量產有很大的鴻溝，開發完成的新產品一進入產線就問題重重，導致新產品上市時間一再延宕。量產驗證計劃可以讓產品開發到量產無縫接軌，讓產品可以順利上市。量產驗證計劃可以解決開發與量產間的鴻溝，確保產品上市品質穩定，也就是解決可靠度中產品初期不

良的問題。

控制計劃

在產品開始量產後，運用統計製程管制（Statistical Process Control）和製程管理圖（或 QC 工程表）對製程進行管控，確保之後製程的穩定性。

概念、設計、優化、量產是 DFSS 的四個階段，從產品構想到量產，參與人員包含產品企劃、研發、製造工程、品質管理、製造，才能完成整個流程。此外，DFSS 流程可以設計成研發軟體系統，成為新產品開發流程，用軟體進行管理。

DFSS 的小結

永續會成員總是喜歡說精實生產是巫術，可以在短時間內降低交貨週期、降低庫存、降低成本；六標準差和技術六標準差是武術，可以克服各種技術難題；品質管理系統是忍術，堅持細節把品質做好。DFSS 則是魔術，把一堆東西塞進黑色高帽子，變出一隻大白兔。DFSS 是魔術師的帽子，塞進去顧客聲音，變出來爆款商品。

2007 年第一次在長沙學習 DFSS 之後，我一路兢兢業業探索最佳路徑，是否真的有方法可以**只遵循 SOP 就開發出顧客喜歡的產品**。期間幸好有台灣神戶電池的汪世堯董事長投入資金把 DFSS 引進台灣，讓我在公司裡嘗試，並容忍沒有產生什麼成果。之後有台灣櫻花的林有土總經理的協助，給我第一個 B2C 的產品開發機會，並且把全新概念產品投入市場測試。我從來不知道這些活動是否能成功，我只能一步一步慢慢測試，小心謹慎的評估每一個程序的有效性。我期望 TRIZ 能有效整合進入 DFSS，最後卻無功而返，但是我依然認可 TRIZ 的思維方法，所以保留 TRIZ 為 DFSS 中非流程的獨立單元。

2015 年在美的電器李國林總經理支持之下，DFSS 在大陸大陸內銷市場大放異彩，並且有許多產品在全球大賣，影響全世界的家電產品發展趨勢。美的電器中有許多堅守 DFSS 方法論的優秀成員，像是家用空調的技術副總邱向偉、生活電器技術副總黃兵，以及許許多多 DFSS 種子教官，在他們堅持之下持續開發許多提升顧客使用體驗的新產品，讓顧客可以有

更便利的生活。

2015 年之後，多數 DFSS 的發展來自這群優秀成員的貢獻，他們一直挑戰市場，開發日本市場、中亞市場、印度市場、歐美市場、東南亞市場的產品，給我許多新的啟發。我把他們的經驗和遇到的挑戰的解決方法整合進 DFSS，使 DFSS 越來越成熟有效。

所以 DFSS 從 Joseph P. Ficalora 和 SBTI 的團隊創始，傳承到我手中，加入 TRIZ 大師 Sergei Ikovenko 的觀點，整合 Design Thinking 創建概念的方法，再整合設計大師 Donald A. Norman 挖掘痛點的方法，再加上用技術解決方案 DRIHV，最後加上美的電器 DFSS 種子成員的努力，我們終於有今天完整的方法論。但是，我相信這個過程不會停止，2022 年之後，學習並且信仰 DFSS 的夥伴們，會持續讓這個方法論更完善。就這樣，真的實現一個不可能存在的魔術，把一堆訊息丟進 DFSS 這個高帽子，變出一個個深受市場認可的產品。

為什麼要堅持建立 DFSS 的方法論呢？有兩個原因，第一個微不足道的原因是，很多企業的成功產品都是一代拳王，在好運氣與突發靈感之下開發一個成功產品，之後再也做不出來下一個，這就是沒有好方法論的狀況。只有建立優異的 DFSS 系統才能讓企劃和研發穩定的產生滿足顧客需求而且有競爭力的新產品。

真正重要的原因是，我堅信，當社會中的每一個人用到好用的產品，他會感受到有人為滿足他的需求開發產品，他會相信社會中存在利他的力量，進而讓他也願意作出利他行為。因此，DFSS 會成為把社會價值觀從利己變成利他的力量。我們用好產品讓人們相信社會是善的，是處處考量他人的，而非只是唯利是圖。

DFSS，一個比魔術更具有神奇力量的偉大課程。

整理思緒的暫歇

一個年輕的產品企劃人員，往往有許多創新想法，等到他用這些新創意開發新產品之後才發現不會成功，經過幾次失敗之後，他就會轉為保守，轉為抄襲國外產品或是競爭對手產品，不敢再度冒險開發創新產品。運氣好的年輕工程師可能會有一個成功的新產品，競爭對手會趕緊抄襲跟進，但是之後他也很難再做出成功的創新商品。如果你覺得這樣的陳述不正確，你可以到台灣的 7-11 看看，你會發現，多數商品是二十年前就上架了，也就是說，二十年來其實沒有太多新商品成功停留在架上。再去燦坤看看微波爐，你會發現每一個微波爐都長得一樣，功能也類似。你在網路上瀏覽商品，會發現大家比拚文案創意，文案差異化而產品非常同質化。這才是真正的市場狀況，偶爾的成功創意加上無數的抄襲，放任產品企劃和產品研發就會變成這樣的狀況。

在美的電器開始運用 DFSS 方法之前，整個大陸大陸的家電市場也是如此，偶爾的成功加上無數抄襲；直到美的電器開始運用 DFSS，競爭對手被打得七零八落之後也跟上創新腳步，讓整個家電市場活絡地出現創新商品。

為什麼要用哲學思考創造系統方法，現在看起來原因很明顯，系統方法才能讓行動持續成功，不會成為一代拳王。

1902 年在大學同學馬塞爾・格羅斯曼的父親協助下，愛因斯坦成為伯恩瑞士專利局的助理鑑定員，從事電磁發明專利申請的技術鑑定工作，1903 年成為正式職員。1905 年還在伯恩瑞士專利局任職的愛因斯坦在《物理年鑑》發表了四篇劃時代的論文，從來沒有人能在這麼短暫的時間內對於現代物理給出這麼多重大貢獻。1915 年愛因斯坦提出廣義相對論，再次震驚物理學界。之後從 1915 年到 1955 年愛因斯坦離世，愛因斯坦在物理學上的貢獻就一般般，比不上同時代的物理學家如波耳、薛丁格等人。如果沒有系統方法，即使天才如愛因斯坦，也不能重覆創造奇蹟。

因此，不管在精實生產、六標準差、技術六標準差、品質管理系統、設計六標準差，都必須用哲學方法整合出有效的系統方法，如此，企業才能用系統方法持續在各層面成功。成功降低生產成本、成功提升製造品

質、成功解決技術問題、成功開發叫好叫座的新產品。

　　哲學方法必須探索歷史，從歷史會知道六標準差 18 步法是無所本的，會知道六標準差的意義不是指百萬分之 3.4 的不良率，會知道精實生產的基石是及時生產；而這些簡單認知，都是現代人所缺乏的。哲學方法教我們運用邏輯，用簡單邏輯就知道特性要因法（魚骨圖）只能找尋經驗上知道的事情，不可能為你找到最佳參數或未知因子；也不會胡亂相信 5S 可以實現及時生產。多數人找尋品質不良或技術無法突破的「原因」，哲學方法則會進入最基本元素，探討能量如何在物質中流動；不是找尋原因，而是探索最底層的物理現象，瞭解物理現象才能真正解決問題或突破技術。

　　最後，必須深入驗證這些系統方法真的有效嗎？例如，火鍋電磁爐上市之初，我幾乎每週打電話給美的電器負責的產品企劃同仁，瞭解市場銷售量，以確認 DFSS 的路徑是有效的。在台灣櫻花也一樣，我每週兩通電話詢問用 DFSS 方法開發的產品銷售量。如果一個產品銷售量不佳，我就會深入檢討 DFSS 路徑哪裡出錯了。

　　有一段時間我放許多 TRIZ 工具在 DFSS 的概念階段，結果上了多次課程之後，發現沒有任何學生用 TRIZ 方法找到新概念，我只能對 Sergei 大師感到抱歉，默默把 TRIZ 方法從概念階段移除。

　　在整個永續企業系統方法中，我們運用的語言非常精準，相關語言文字都經過解釋，不會有模糊地帶。例如：

　　概念：針對未被解決的痛點、未被滿足的需求、未能完成的任務、驚喜點的解決方案。

　　使用地圖包含：使用者、活動、物件、介面、環境。

　　預設用途是：產品的屬性與物品的能力之間的關係，其決定了產品可能如何被使用。

　　這些案例只是說明整個系統方法使用的語言都被嚴謹定義，成為可討論的基礎。

　　另外，歷史和事件的研究讓我們知道，即使我希望六標準差有遠大用途，但是歷史和事件告訴我們不是如此，六標準差到頭來只在開始的初衷展現成果，就是用統計協助瞭解製造工程中的現象，想用六標準差解決製程效率問題或是管理問題都是徒勞無功的。歷史和事件研究也讓我們知

道，戴明博士的方法正好適合日本的企業文化，在美國企業就使不上力，一味吹噓與推銷戴明博士的方法是毫無意義的。簡單的說，這些經營系統方法之所以有用，是經過哲學方法的淬鍊，讓我們深入理解事實——採用被嚴謹定義的語言，研究歷史以及成功失敗事件，從基本元素進行推論，並用邏輯連結因果，最終整合知識產生系統方法，建立假設並且進行驗證。

這些經營系統方法絕非我個人創造的，以精實生產為例，整個方法來自豐田喜一郎和大野耐一的開創，James Womack 與 Daniel Jones 兩位 MIT 的教授將豐田生產系統重新整合為精實生產，炬將科技林原正總經理的大膽嘗試，元貝實業的堅持，茂順密封元件的挑戰非定義節拍點，美的電器李國林的登高一呼，沈清葉的推廣，丘苑娟的實踐……等等，有太多人在這個系統工具上實踐與貢獻，才讓精實生產可以成為一個穩定、完善、有效的系統工具。

所有歷史上偉大科學家的發明都是來自累積與接續前人的研究，就是我們常說的站在巨人肩膀上繼續創新，系統方法就是持續讓這個巨人長大，讓後進者可以站在更高的肩膀上持續向上。而想要以一己之力不參考前人智慧而持續成功，只是緣木求魚的愚昧想法。

上篇的五個系統方法，精實生產、六標準差、技術六標準差、品質管理系統、設計六標準差，都經過無數次的測試與成功，已經對全球產生影響。當你開著 BMW 的電動車，裡面有用 TFSS 設計的技術解決方案；當你在美的買空調，已經有 DFSS 設計的方案在裡面；當你騎 Ducati 的 Monster 重機在山路上狂飆，你用了精實生產製造的油封。永續企業的經營系統方法，已經從各方面影響人類的生活。

最終，永續企業的經營之道，也是改善人類社會之道。

感謝名單

本書的內容是許多企業家朋友的經營故事和管理大師的知識探索歷程，我只是一個說故事的人，把他們的知識研究和經營歷程記錄下來。本書的完成要感謝許多人，包含：

（以下名單依書中出場順序以及該章節相關工具使用排序）

前台灣神戶電池汪世堯董事長，有他的支持我才能引進SBTI 公司的 Six Sigma 和 DFSS，並且把公司當成永續經營方法的全方位實踐場所。

炬將科技林原正總經理，測試與實踐全球第一個訂單拉動模式。

元貝實業游英玉副總經理，實踐第二家訂單拉動模式。

紫通顧問公司林秀蓁總經理，協助推動炬將科技和元貝實業的拉動專案。

紫通顧問公司陳宥翔顧問，協助完成新冶鋼鐵公司的拉動專案。

茂順密封元件石銘耀總經理，全力支持永續精實生產的推動。

茂順密封元件生管部石銘賀經理和製造部黃豪偉經理，實踐非標準節拍點的茂順密封元件精實生產專案，包含拉動與暢流。

華泰越南實業有限公司劉建明副總經理，實踐全球製鞋產業第一家拉動專案，並實踐暢流專案持續提升經營績效。

信瑞企管公司黃郁靜副總經理，協助聯繫永續會成員推動各項永續經營專案。

美的集團副總裁李國林，號召並實踐集團工廠推動永續精實生產。在生活電器任內實踐重要產品的 DFSS 項目，取得卓越銷售績效。

前美的工業技術副總裁劉銀虎，實踐壓縮機事業部的永續精實生產專案。

前美的機電事業部精實製造首席智能製造專家丘苑娟女士，推動美的集團各工廠永續精實生產專案。

前美的集團精實生產負責人沈清葉女士，協調整合美的集團精實生產專案。

美的微波爐鄧遠寧先生，實踐美的微波爐的拉動專案。

前大陸 SBTI 華南區銷售經理戴玉琴女士，協助美的集團的精實生產專案與 DFSS 專案的推動。

Sandy Munro 先生，傳授 Lean Design 專業知識。

Ronald L. Jacobs 教授，傳授 S-OJT 專業知識。

勤誠興業陳美琪董事長和陳亞男總經理，實踐永續精實生產、運用 DFSS 開發 Edge 機殼產品，以及運用 TFSS 提升鋼板抗折彎性能。

拓凱實業沈貝倪總經理，實踐拓凱實業的永續精實生產、S-OJT 及 TFSS 專案。

徠通科技梁瑞芳副董事長，實踐台灣第一家機械產業的拉動，並運用 TFSS 讓機械產業加工精度大幅提升。

前美的生活電器工廠總經理李勇先生，實踐全球第一條 LCIM 產線。

美的洗碗機製造總經理烏守保先生，實踐美的電器第二條 LCIM 產線。

前美的生活電器林志文先生，持續在美的集團實踐 LCIM 產線。

美的生活電器馮春園先生，持續在美的生活電器推動 Six Sigma。

茂順密封元件生技部許智超經理，實踐茂順密封元件的 Six Sigma 和 TFSS。

前奇美電子電視事業處陳立宜總處長，協助 TFSS 物理知識的導入。

美的工業技術總裁伏擁軍先生，提出 TFSS 的需求，並在空調壓縮機公司實踐 TFSS。

寧德時代新能源汪寶杰先生，在寧德時代新能源實踐 TFSS 專案。

SBTI 亞太區國際業務總監陳玲女士，協助寧德時代新能源公司導入 TFSS 專案。

新代科技蔡尤鏗董事長及黃芳芷總監，實踐 TFSS 專案。

大陸 SBTI 楊承陸總經理，協助將 DFSS 引進大陸。

大陸 SBTI 丁強總經理，協助將 SBTI 各項知識工具推廣至國內企業。

前 SBTI 技術副總裁 Joseph P. Ficalora 博士，傳授 DFSS 專業知識。

前大陸 SBTI 張軍總經理，協助 DFSS 導入澳科瑪公司。

台灣櫻花林有土總經理，導入 DFSS，完成新產品創新專案。

台灣櫻花李惠恂副總經理，實踐的 DFSS 專案。

台灣櫻花企劃處品牌鄧淑貞總監，實踐 DFSS 專案。

前美的生活電器韓翰先生，透過 DFSS 完成各項電磁爐開發專案。

前美的生活電器黃兵先生，透過 DFSS 完成各項電飯煲開發專案。

前美的生活電器趙國堯先生，透過 DFSS 完成各項電飯煲開發專案。

前美的環境電器賴育文總經理，在環境電器推動 DFSS 專案。

前美的環境電器方與女士，透過 DFSS 完成各項風扇開發專案。

前美的環境電器易洵芳女士，透過 DFSS 完成各項風扇開發專案。

前美的空調事業部總裁助理兼研發體系負責人邱向偉先生，透過 DFSS 完成各項空調產品開發專案，尤其 Air 空間站，創造了大陸高階空調市場的銷售奇蹟。

美的空調事業部郝娜女士，透過 DFSS 完成各項空調產品開發專案。

前美的電器洗衣機事業部侯海先生，透過 DFSS 完成各項洗衣機開發專案。

美的集團副總裁王建國先生，在冰箱事業部總經理任內，導入 DFSS 專案開發冰箱產品。

前美的電器冰箱事業部左宏先生，透過 DFSS 完成各項冰箱開發專案，尤其日本市場專用冰箱，占有日本該容量冰箱 20% 市佔率。

Sergei Ikovenko 教授，傳授 TRIZ 知識。

大陸 SBTI 張宗令博士，協助我一起探索各項知識。

博森國際外語藝術學院創辦人暨執行總監許婷怡博士，提供全書哲學方法論框架。

永續企業趙于婷女士，協助本書編輯工作。

永續企業詹甯聿博士，協助本書編輯工作，以及第二章內容編纂。

永續企業黃蓴女士，協助本書編輯工作。

永續企業陳仲祺先生，協助本書的出版工作。

時報出版社同仁，協助本書的出版工作。

還有許多協助本書的朋友，實是族繁不及備載，特此致歉。

喜馬拉雅東邊山區的阿瑪達布拉姆峰（Ama Dablam），海拔 6,812 公尺高，尼泊爾人稱之為母親的項鍊。照片由詹老師所攝。

在喜馬拉雅山區前往島峰（Island Peak）的路上。照片由詹老師所攝。

2006 年神戶電池於清境農場舉辦策略會議之合照。左四與左五為永續會汪世堯會長與其夫人許惠美女士。照片由詹老師所攝。

永續會成員合照。由左至右為永續會汪世堯會長、國睦工業總經理鄭舜遠、永續會詹志輝老師與
金瑞瑩工業總經理黃鉅凱。

亞丁三山之一，著名佛教聖山。照片由詹老師所攝。

詹老師與摯友滕偉前往稻埕亞丁的路途中拍的照片。照片由詹老師所攝。

亞丁三山之一，著名佛教聖山。照片由詹老師所攝。

詹老師向學員說明低成本智慧製造之精神與方法。

可可賽極門，青海最高山，俗稱崑崙山頂峰，也就是王母娘娘住處。照片由詹老師所攝。

汪會長、詹老師以及勤誠興業同仁於 2022 年勤誠策略週之合照。前排左二為永續會汪世堯會長、
左三為勤誠興業陳美琪董事長、左四為勤誠興業陳亞男總經理、右三為永續會詹志輝老師、右二
為勤誠興業全球業務／行銷處暨全球研發處執行副總經理許健南。

永續企業經營協會與永續企業經營團隊，以協助有理想性之企業，提升國際競爭力為職志！

前往南湖中央尖的路上。照片由詹老師所攝。

BIG 402

尋找永續企業之道：企業長壽、持續獲利的本質

作　　者—詹志輝
圖表提供—詹志輝、永續企業經營協會
責任編輯—陳萱宇
編輯協力—趙于婷
主　　編—詹甯卉
行銷企劃—陳玟利
封面設計—陳文德
美術編輯—菩薩蠻電腦科技有限公司

董 事 長—趙政岷
出 版 者—時報文化出版企業股份有限公司
　　　　　108019 台北市和平西路三段二四〇號七樓
　　　　　發行專線—（〇二）二三〇六六八四二
　　　　　讀者服務專線—〇八〇〇二三一七〇五
　　　　　　　　　　　（〇二）二三〇四七一〇三
　　　　　讀者服務傳真—（〇二）二三〇四六八五八
　　　　　郵撥——九三四四七二四時報文化出版公司
　　　　　信箱——〇八九九　台北華江橋郵局第九九信箱
時報悅讀網—http://www.readingtimes.com.tw
法律顧問—理律法律事務所 陳長文律師、李念祖律師
印　　刷—文聯印刷有限公司
初版一刷—二〇二三年一月十三日
初版三刷—二〇二三年三月三日
定　　價—新台幣五〇〇元
缺頁或破損的書，請寄回更換

時報文化出版公司成立於一九七五年，
並於一九九九年股票上櫃公開發行，於二〇〇八年脫離中時集團非屬旺中，
以「尊重智慧與創意的文化事業」為信念。

尋找永續企業之道：企業長壽、持續獲利的本質／詹志
輝著. -- 初版. -- 台北市：時報文化出版企業股份有限公
司，2023.01
　　面；　公分. -- （Big；402）
　　ISBN 978-626-353-169-7（平裝）

1. CST：企業管理　2. CST：企業經營
3. CST：永續發展

494　　　　　　　　　　　　　　　111018002

ISBN 978-626-353-169-7
Printed in Taiwan